Maurice ALFASSA

L'APRÈS-GUERRE

ER ET LE CHARBON LORRAINS

ur des causes profondes
de la guerre

ET

nditions essentielles de la victoire
la France et de la paix durable.

du Général MALLETERRE
André LEBON, ancien-Ministre.

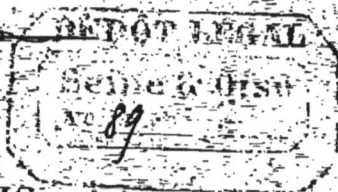

PARIS

FRÈRES, LIBRAIRES-ÉDITEURS

8, RUE GÉROU, 8

A l'angle de la rue de Vaugirard, 59

1916

L'APRÈS-GUERRE

LE FER ET LE CHARBON LORRAINS

Une des causes profondes de la guerre
et une des conditions essentielles de la victoire
de la France et de la paix durable.

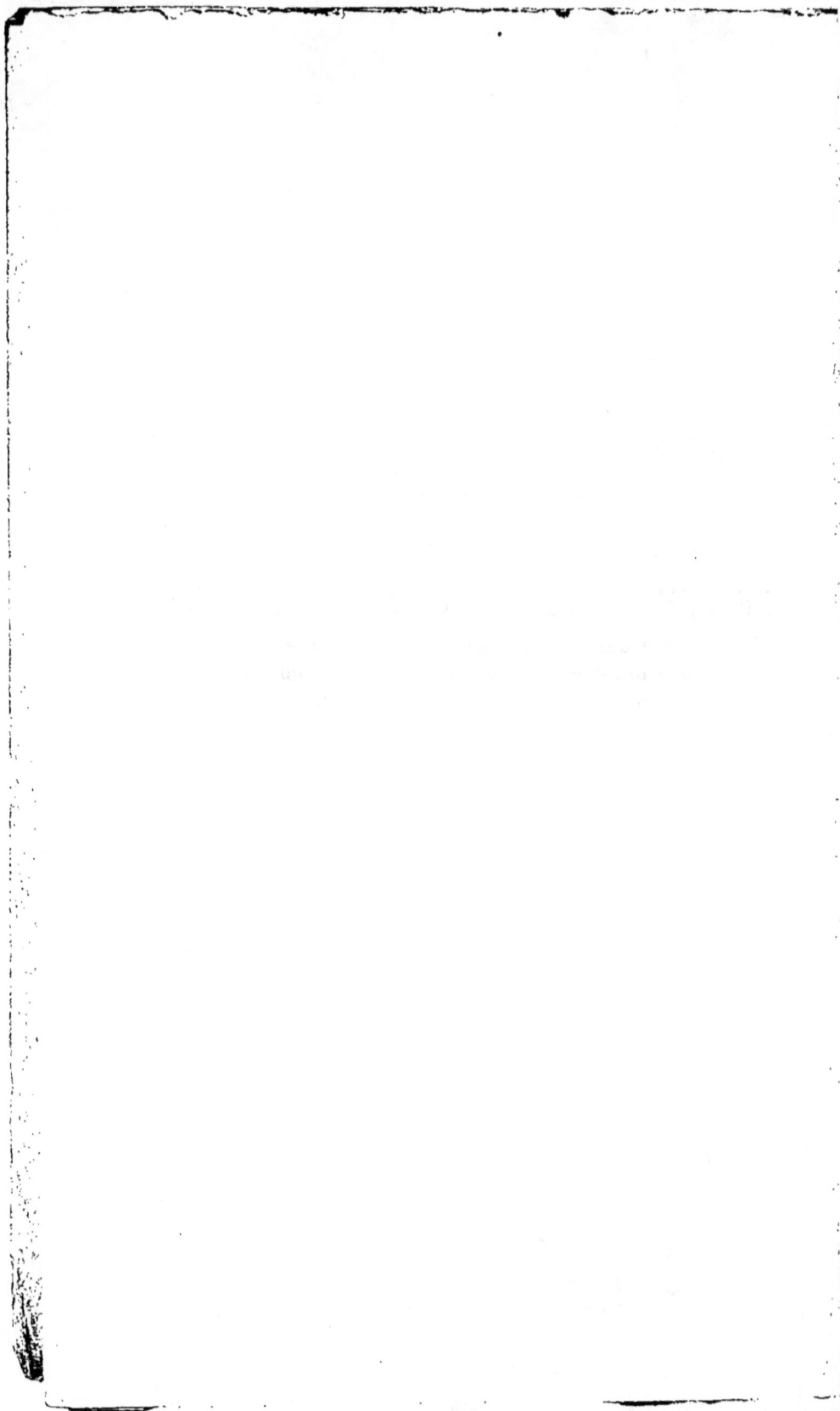

Maurice ALFASSA

L'APRÈS-GUERRE

LE FER ET LE CHARBON LORRAINS

Une des causes profondes de la guerre

ET

une des conditions essentielles de la victoire
de la France et de la paix durable.

Préfaces du **Général MALLETERRE**
et de **M. André LEBON**, ancien Ministre.

PARIS

BELIN FRÈRES, LIBRAIRES-ÉDITEURS

8, RUE FÉROU, 8
A l'angle de la rue de Vaugirard, 50

1916

PRÉFACES

~~~~~~~

Cette étude, que M. André Lebon et moi présentons à l'attention de tous ceux qui s'intéressent à l'après-guerre, est venue d'un désir que j'exprimais récemment à mon ami Maurice Alfassa. J'avais été surpris et ému d'une campagne qui s'était ouverte assez brusquement sur les possibilités d'une annexion du Bassin lorrain intégral après le retour de l'Alsace-Lorraine à la mère-patrie. Il semblait qu'il régnât une certaine incertitude sur nos droits de revendication et sur les avantages que nous devions retirer de cette annexion. Je dis bien annexion, et c'est peut-être le mot qui choque quelques esprits qui croient de bonne foi que, après une telle guerre et de si durs sacrifices, nous ne devons exiger que la récupération des pays spoliés et ne pas entrer à notre tour dans la voie des conquêtes. Il ne s'agit pas de conquêtes, mais de garanties, entendons-nous bien.

Mais des articles de presse et de revue nous faisaient craindre qu'il n'y eût d'autres raisons, d'ordre économique, à la base de cette campagne, par laquelle on s'efforçait de convaincre le public de ne pas aller trop loin dans les revendications *post bellum*.

Je voulais être éclairé. Je l'ai été après la lecture de la substantielle étude de M. Alfassa. Et j'ai pensé qu'il fallait que d'autres soient éclairés. Nous ne prétendons attribuer à quiconque des arrière-pensées sournoises. Les intérêts commandent trop souvent les convictions. Comme on le verra à la lecture de cette brochure, la question du bassin lorrain a été un peu embrouillée par ceux qui avaient peut-être intérêt à le faire. En tous cas, je ne crois pas qu'aucun bon Français, clairvoyant et soucieux de la réparation de nos ruines et de l'avenir du pays, puisse accepter un traité qui ne donnerait pas à la France le Bassin lorrain intégral.

Nous ne voulons pas ici en fixer les limites, elles se lisent sur la carte.

Le jour où l'Allemagne, déchue de son rêve monstrueux d'hégémonie, sera contrainte de rendre ce qu'elle a injustement acquis par la force et la perfidie, le Congrès de la paix décidera les garanties et les sanctions que les Alliés doivent imposer au Germanisme pour éviter le retour de pareilles catastrophes.

Ces garanties seront de trois sortes : politiques, économiques et militaires.

Le Bassin lorrain rentre dans les garanties économiques indispensables. Après M Engerand et
M. de Launay, Maurice Alfassa le démontre irréfutablement : plus de monopole industriel allemand entre la Sarre et la Moselle.

Nous, soldats, nous exigerons d'autres garanties. L'heure n'est pas venue de les énoncer. Mais
nous pouvons les résumer dans une formule lapidaire, qui laisse toute liberté aux garanties
politiques :

*Plus un soldat allemand sur la rive gauche du
Rhin !*

Général MALLETERRE.

12 septembre 1916 (deuxième anniversaire
de la victoire de la Marne).

LE POINT DE VUE ÉCONOMIQUE

Tout esprit réfléchi, qui consent à se dégager des apparences et des contingences, ne peut manquer de discerner que jamais guerre n'a été plus essentiellement commerciale que celle dont l'univers est, depuis vingt-six mois, bouleversé.

Elle l'a été dans ses origines : elle l'est dans ses moyens; elle le sera fatalement dans ses buts finaux.

Dans ses origines d'abord. Soumise par la mégalomanie pangermaniste à un régime de surproduction intensive et continue, l'Allemagne marchait tout droit à un cataclysme industriel, si elle ne parvenait à augmenter le nombre et l'importance de ses débouchés, alors que, depuis le début du présent siècle, ses principaux clients et concurrents commençaient à peine de s'apercevoir qu'il était grand temps pour eux de défendre leur marché intérieur contre son invasion « pacifique ». Et ce cataclysme risquait fort d'être accompagné, sinon même précédé, d'une formidable crise intérieure, puisque, à la même époque, le coût des principales denrées nécessaires à la vie avait crû en Allemagne deux fois plus vite que les salaires, et qu'à tout prendre, malgré la prospérité générale de l'Empire, la population ouvrière se trouvait moins aisée à la veille de la guerre, que quinze années plus tôt.

Dans ses moyens, ensuite. La victoire de la Marne ayant donné aux Alliés le loisir, et la science industrielle leur ayant procuré les instruments utiles, pour s'équiper avec la même perfection que leurs agresseurs, les forces militaires en présence ont été amenées, de part et d'autre, à une sorte d'égalité; il semble que, jusqu'ici tout au moins, le blocus économique, maritime ou terrestre, de l'Europe centrale ait seul réussi à modifier cet équilibre, comme il apparaît aussi que ce même blocus, chaque jour resserré, sera décisif pour imposer à l'ennemi les conditions nécessaires d'une paix durable.

Dans ses buts, enfin. Pour s'en convaincre, il suffit de rapprocher l'un de l'autre deux documents publics : d'un côté, le célèbre manifeste des six grandes associations allemandes en 1915; de l'autre, les résolutions de principe arrêtées à Paris, le 17 juin 1916, par la Conférence des Alliés. Le manifeste révèle cyniquement l'appétit d'expansion de la race; la Conférence jalonne les tranchées qu'elle se prépare à creuser pour assurer l' « indépendance » commerciale de ses adhérents au regard des Empires du Centre.

Ainsi s'annonce et se prépare la guerre économique de demain, inéluctable conséquence de la lutte militaire actuellement en cours.

C'est l'un des aspects de cette guerre, et non le moindre, que M. Maurice Alfassa étudie dans les pages qui vont suivre. Le lecteur appréciera par lui-même la richesse de sa documentation, la sûreté de son jugement, la largeur de ses vues. Il retiendra surtout de ce lumineux exposé l'enseignement dominant qui s'en dégage : à savoir que, pour abattre la force militaire de l'Allemagne, il est indispensable de transplanter ailleurs sa puissance métallurgique. Le sort de la première est désormais rivé à celui de la seconde. Il ne saurait y avoir de paix solide pour le monde, si l'interdiction des armements n'est point pratiquement garantie par la dépossession des matières premières servant à forger ceux-ci, — sans quoi l'industrialisme guerrier et la barbarie scientifique renaîtront presque aussitôt de leur ruine momentanée.

Que si les faits acquis, les chiffres et les raisonnements ne semblent pas assez probants, la contemplation d'une carte de la région d'entre Meuse et Rhin, où l'on aura pris soin de tracer tant nos frontières successives depuis la fin du dix-huitième siècle que la configuration du bassin houiller de la Sarre et des mines de fer lorraines, mettra en pleine évidence le caractère fondamental des combats qui se livrent pour la possession de ces territoires : la paix de Bâle (1795) laisse à la France et le charbon et le minerai ; le traité de Vienne (1815) lui enlève la moitié du combustible, celui de Francfort (1871) la moitié du fer, et, si l'invasion hâtive de Briey en 1914 devenait définitive, la France serait complètement privée de tous deux.

C'est, pour elle et pour le monde entier, une impérieuse nécessité économique et politique, qu'elle redevienne maîtresse de l'un et de l'autre, et que, si les quantités ou la qualité de la houille qu'elle récupérera ainsi ne suffisent pas à permettre la pleine exploitation des minettes, elle s'assure par ailleurs la fourniture des millions de tonnes utiles.

Il ne s'agit ici ni d'occuper de nouveaux territoires par esprit de conquête et de magnificence, bien moins encore de prétendre asservir des populations rebelles à un joug qui leur serait odieux et intolérable, mais uniquement de prendre les seules précautions vraiment efficaces contre un retour offensif des invasions commerciales ou militaires des peuples germains, en leur arrachant les ongles qui ont servi à déchirer notre chair. Moins on s'immiscera dans leurs affaires intérieures, mieux on réussira à réveiller chez eux l'instinct atavique d'anarchie qui, jusqu'à l'entrée en scène des Hohenzollern, les laissait peu redoutables à leurs divers voisins.

Mais dans l'organisation d'indépendance politique et d'obédience économique qu'ils ont su donner, entre Sadowa et Sedan, au grand-duché de Luxembourg, il y a un précédent précieux entre tous : si les Alliés s'en inspirent, leur œuvre défiera les soubresauts ultérieurs de l'hydre teutonne; s'ils le négligent, ils bâtiront sur des fondrières, et, bientôt encore, l'humanité sera aux prises avec les mêmes prétentions et les mêmes périls auxquels elle a eu tant de peine à soustraire la sainte cause de la liberté individuelle et de l'indépendance des nations.

André Lebon.

Septembre 1916.

LE FER ET LE CHARBON LORRAINS

INTRODUCTION

Autant, avant la guerre, le public, tenu dans l'ignorance des questions industrielles, s'en désintéressait entièrement, quelles que pussent être leur importance et leur répercussion sur le sort prochain du monde; autant, depuis quelque quinze mois, l'on cherche à attirer son attention sur les problèmes économiques.

Les grandes revues, les journaux quotidiens eux-mêmes s'efforcent de diffuser des chiffres et de fournir à tout un chacun une documentation si large qu'elle en devient surabondante. Au milieu des renseignements d'autant plus frappants qu'ils sont étayés de statistiques dont la précision et la rigueur impressionnent, il devient fort malaisé, à ceux que leurs occupations ou leurs études n'ont pas préparés à juger ces questions vitales pour les peuples, d'arriver à se former une opinion.

La difficulté se trouve encore accrue du fait que, le plus souvent, ces documents sont contradic-toires et qu'ils semblent destinés beaucoup moins à éclairer le lecteur qu'à le rallier à une thèse qu'il n'est pas en mesure d'apprécier.

C'est tout spécialement le cas pour le problème du fer, sur lequel des études dues à des hommes particulièrement autorisés ont paru dans diverses publications depuis quelques mois. L'absence de concordance dans leurs conclusions n'est pas pour surprendre, lorsque l'on sait que ces études ne sont que l'écho des discussions passionnées qui se sont poursuivies, tant devant des commissions parlementaires que dans les associations et les groupements économiques qui se préoccupent de l'après-guerre, et qu'elles tendent, par suite, à créer des courants d'opinions, que l'on voudrait irrésistibles dans un sens ou dans l'autre.

C'est qu'en effet, en dépit des apparences, la véritable fin militaire du conflit actuel réside dans la seule possession par la France ou par l'Allemagne de l'intégralité du bassin ferrifère de Lorraine. C'est le fondement de la puissance, économique, militaire et politique, de nos adversaires. Le leur laisser, ou même seulement leur permettre de conserver leur métallurgie et par elle les moyens matériels de reconstituer leur outillage militaire, — en dépit des stipulations contraires des « chiffons de papier », — c'est donner à nos adversaires, même vaincus par les armes, cette hégémonie sur le **monde qui fut pendant près d'un demi-siècle leur ambition.**

Si surprenante que cette idée fondamentale puisse apparaître, il faut bien s'en pénétrer, car elle domine la situation. L'ignorer, la restreindre même, c'est vouloir la déchéance irrémédiable de la France et, avec elle, de tous les peuples qui se refusent à subir le joug germanique.

On ne doit pas oublier l'aveu précieux et catégorique des six grandes associations industrielles et agricoles d'Allemagne dans leur manifeste au Chancelier du 20 mai 1915 : « *Si la production de la minette* (minerai de fer lorrain) *était troublée, la guerre serait quasiment perdue* », qu'éclaire ce complément : « *Il est certain que, si la production de fer brut et d'acier n'avait pas été doublée* (en Allemagne) *depuis le mois d'août* (1914), *la continuation de la guerre eût été impossible.* »

Comment, dans ces conditions, expliquer qu'il se trouve chez nous des hommes qui tentent de répandre des idées en contradiction absolue avec ce que proclament nos adversaires eux-mêmes, sinon en admettant qu'ils ne peuvent avoir d'autres buts que d'égarer l'opinion et, il ne faut pas craindre de le dire, de servir de puissants intérêts particuliers au détriment de l'intérêt général, et de la France elle-même.

Le fer, fondement de la puissance politique et militaire de l'Allemagne.

Si l'on veut comprendre le problème du fer tel qu'il se pose, il faut tout d'abord se rappeler que les visées politiques germaniques entraînaient pour l'Allemagne l'obligation de développer sans cesse sa puissance militaire, de manière à pouvoir vaincre vite, très vite : « question de vie ou de mort pour elle », comme le disait le 8 août 1914 M. von Jagow à sir Edward Goschen, et comme avant lui l'avait déclaré de façon saisissante le général von Bernhardi : « Nous nous trouvons placés dans l'alternative d'augmenter notre puissance militaire à un degré tel que nous soyons sûrs du succès ou de renoncer à tout avenir. Il n'y a pas le choix : être une grande puissance mondiale ou s'abandonner à une irrémédiable décadence. »

Sans entrer dans le détail des raisons invoquées par les porte-paroles autorisés de nos ennemis, il suffit de mentionner la crainte de la fermeture des grandes routes maritimes, les seules assurant leur ravitaillement de tous les produits dont ils sont tributaires de l'étranger et l'exportation de leurs marchandises, car c'est par mer que s'effectuent les trois quarts de leur commerce extérieur (13 milliards sur 18).

Cette impérieuse nécessité, cette « question de vie ou de mort », pour reprendre les mots de M. de Jagow, impliquait pour l'Allemagne une préparation à la guerre, à une guerre très brève qu'elle pût finir d'un coup ; donc la suprématie d'armement et par là celle de la métallurgie, qui seule pouvait permettre la création et le perfectionnement de l'instrument formidable que devint l'armée germanique.

C'est qu'aussi bien, d'ailleurs, le rôle de la métallurgie ne se limitait pas à la production du seul matériel de guerre. Il s'étendait aux transports maritimes et terrestres, à l'armée navale et aux chemins de fer. La métallurgie devait faciliter la création de ce réseau extraordinaire de voies grâce auquel l'armée serait en une semaine transportée, suivant les besoins, d'une frontière à l'autre de l'Empire. Elle devait le doter de tout le matériel de locomotives, de wagons, etc., sans lequel l'instrument de guerre ne pouvait atteindre à toute l'efficacité que l'Allemagne voulait lui donner.

La métallurgie se trouvait dès lors la pierre angulaire de toute la puissance germanique. Sa prospérité et son développement conditionnaient toutes les autres industries. Il lui fallait demeurer toujours non pas seulement en activité, mais en activité croissante, et pour cela allier les fabrications

de paix à celles de guerre, faire naître et développer toutes les industries, comme celles des
constructions mécaniques, qui n'en sont que le prolongement.

Et par suite, sans même aborder les questions
économiques complexes et enchevêtrées nées de
cette situation, et qui, toutes, avaient le même
aboutissant, il apparaît que l'Allemagne tendait,
de toute nécessité, à la possession de droit et de
fait des matières premières indispensables à l'existence même de la métallurgie.

Il est aisé de s'en rendre compte par d'autres
méthodes, en suivant, par exemple, la progression
de la production de fonte et d'acier, soit relativement à celle des autres pays, soit en valeur
absolue.

Du troisième rang qu'elle occupait pour la fonte
en 1880, alors que sa production de 2 millions 1/2
de tonnes n'était que le tiers de celle de l'Angleterre, elle a passé au second en 1912 avec 16 millions de tonnes, dépassant de 77.% l'Angleterre.
Et si pendant cette période la production aux
États-Unis a crû de près de 800 %, celle de l'Allemagne a progressé de 600 %.

Les comparaisons en valeur absolue sont encore
plus frappantes.

De 1880, date de l'introduction des procédés de
déphosphoration, à 1890 la production augmente
de 2 millions de tonnes environ, passant de 2 mil-

lions 1/2 à 4 600 000 tonnes. De 1890 à 1900 l'augmentation est de 3 400 000 tonnes et la production de 8 millions de tonnes. Dans la décade suivante, l'accroissement atteint 6 700 000 tonnes et la production 14 700 000 tonnes. Enfin, pour les trois années qui prennent fin en 1913, l'augmentation est de 4 300 000 tonnes, la production est à son maximum avec 19 millions de tonnes.

Jugée par la moyenne annuelle, nous voyons entre 1880 et 1893 la progression passer de 210 000 à 1 430 000 tonnes, c'est-à-dire septupler.

Mais pour se faire une idée précise du développement prodigieux de la métallurgie allemande et surtout de la rapidité de ce développement, une dernière comparaison s'impose entre la progression pour la moyenne des trois années 1910-1913 : 1 400 000 tonnes et celle de la dernière année 1913 : 3 millions de tonnes! L'augmentation a plus que doublé d'une année à l'autre.

En dépit des réserves de minerai, évaluées encore à quelque 2 milliards 1/2 de tonnes, qu'avait données à l'Allemagne l'annexion de la Lorraine, l'alimentation de ses hauts fourneaux se trouve très insuffisamment assurée par ses propres ressources, avec des accroissements de besoins de l'ordre de ceux qui viennent d'être mentionnés.

Nous avons vu les raisons qui ont fait de la métallurgie le fondement militaire et politique de la puissance allemande. Économiquement, son déve-

loppement fut une nécessité tout aussi inéluctable,
car les exportations de cet ordre étaient la principale contre-partie des importations surtout alimen-
taires qu'exige une population dont la rapide augmentation n'est plus compensée par l'émigration,
et qui doit, dès lors, tirer sa subsistance, sinon du
sol national, du moins de l'ensemble des produc-
tions dont le pays est susceptible. Et de celles-ci,
grâce aux réserves immenses de charbon qu'assu-
rent la Province Rhénane, la Saxe et surtout la
Westphalie, nulle ne répondait mieux aux capa-
cités et aux intérêts de l'Allemagne que la métallurgie.

II

L'impérieuse nécessité pour l'Allemagne de posséder les bassins de Briey et de Longwy.

L'Empire germanique possède en abondance la houille. Son extraction de charbons de toutes catégories atteignait, en 1913, 279 millions de tonnes, et ses réserves, que des découvertes récentes avaient portées à environ 86 milliards de tonnes, assuraient son existence industrielle, au taux actuel d'extraction, pendant plus de neuf siècles. C'est dire qu'il n'existait à cet égard aucune entrave à un développement industriel pratiquement sans limite.

Ses richesses en minerai de fer, encore que très considérables — nous avons rappelé la progression de sa production métallurgique — étaient loin d'être comparables et, dès à présent, le problème se posait pour nos adversaires de s'assurer pour l'avenir les ressources indispensables.

Il faut, pour comprendre cet aspect du problème du fer, mettre en regard la consommation des hauts fourneaux et la capacité des mines allemandes.

Au cours de la dernière année normale, la métallurgie germanique a absorbé de 42 à 43 millions de tonnes de minerais. Pour faire face à ces énormes et croissants besoins il existait dans l'Empire des réserves de 2500 millions de tonnes, portées à 2800 millions en y englobant celles du Luxembourg, incorporé dans le Zollverein. En d'autres termes, les mines allemandes ne pouvaient satisfaire à l'appétit des hauts fourneaux que pendant deux tiers de siècle, en admettant que cessât la progression métallurgique.

Étant donnée l'importance vitale de cette industrie, la question du lendemain se posait déjà d'une façon aiguë.

Avec leur esprit de prévision les Allemands ne voulaient pas revivre l'histoire de l'Angleterre, dont l'essor industriel s'est trouvé en grande partie enrayé pour des motifs de cet ordre, puisque dès 1880 elle ne pouvait plus intensifier l'extraction de ses mines (15 millions de tonnes) et que, conséquemment, elle est devenue de plus en plus tributaire de l'étranger pour son minerai de fer.

Il fallait donc, de toute nécessité, se préoccuper de doter l'Empire de ressources ferrifères adéquates à la fois à ses besoins métallurgiques et à sa richesse en charbon qui, répétons-le, lui assurait, elle, plus de neuf siècles d'intense activité.

Le bassin lorrain français, avec ses réserves connues de quelque trois milliards de tonnes, répondait trop bien aux besoins de nos adversaires pour que sa possession militaire ou, à tout le moins, économique ne devînt pas leur objectif.

D'autres motifs, nous allons le voir, la néces-
sitaient impérieusement.

Dans le calcul précédent de la durée des réserves allemandes, nous avons supposé que la totalité du minerai consommé était extrait du sol de
l'Empire. En réalité, il n'en est ainsi que jusqu'à
concurrence des deux tiers ; le solde provenant
d'importations d'origines diverses.

L'extraction des mines allemandes ne s'élève,
en effet, qu'à 28 millions de tonnes, dont 7 millions provenant du territoire proprement allemand
et 21 millions de tonnes de la Lorraine annexée.

Ces quantités sont d'ailleurs pour ainsi dire
exactement proportionnelles à l'importance des
gisements : les réserves de l'Empire étant de
700 millions de tonnes pour l'Allemagne et de
2 100 millions de tonnes pour la Lorraine et son
prolongement économique le Luxembourg.

Et ainsi nous apparaît une nouvelle raison pour
laquelle le bassin ferrifère français était indispensable à l'Allemagne.

Il en est une autre : celle-ci décisive.

On pourrait se demander pourquoi l'Allemagne,
plutôt que d'intensifier l'extraction de ses mines,
importait de l'étranger des quantités croissantes
de minerai. Des indications d'ordre technique le
feront comprendre.

Tout d'abord, lorsque dans les statistiques on
voit exprimer les tonnages de minerais qui font

l'objet des échanges entre les peuples, on a tendance à se figurer qu'il s'agit de produits essentiellement comparables. Il n'en est rien, car il manque aux statistiques deux éléments essentiels, la teneur et la qualité. Le fer est de tous les minéraux le plus répandu à la surface du globe : la plupart des cailloux de nos routes en tiennent environ 5 %. Actuellement les minerais ne sont utilisables que pour des teneurs variant de 30 à 65 %. Il n'est pas besoin d'insister sur les différences économiques de la valeur de ces divers minerais, non plus que sur l'utilité que peut présenter, même pour un pays possédant en abondance des minerais à basse teneur, l'importation des minerais les plus riches.

En second lieu, la qualité du minerai est fonction de sa pureté, ou plus exactement de la nature des roches auxquelles le fer est incorporé. Il est des minerais carbonatés et oxydés, très purs ; il en est d'autres qui contiennent de la silice, de l'arsenic ou du phosphore, corps qui modifient profondément les produits, fonte ou acier, obtenus par le traitement métallurgique du minerai.

Si maintenant nous ajoutons que le principal gisement allemand, celui de Lorraine, contient un minerai à 30 % de fer et que ce minerai est très phosphoreux, nous avons une première explication des importations germaniques des minerais très purs de Suède et d'Espagne (elles atteignaient

environ pour 1913, respectivement 3600000 et
2100000 tonnes[1]) que ne pouvaient pas remplacer
les minerais nationaux).

Leur utilisation était d'autant plus indispensable
à l'Allemagne qu'elle seule permettait jusque vers
1880 l'emploi même restreint du minerai phosphoreux de Lorraine, sa principale richesse.

Pendant longtemps les minerais de cette nature
furent écartés, car des traces de phosphore rendent
la fonte et l'acier cassants et impropres à la plupart des usages.

Aussi les négociateurs du traité de Francfort
avaient-ils cherché à nous arracher la plus grande
et la plus riche partie du gisement de fer oolithique
lorrain, le seul que par suite de l'introduction du
puddlage anglais on pouvait utiliser soit par mélange avec du « fer fort » dans les usines déna-
turant leur fonte, soit seul pour la fabrication
du fer.

En exigeant de la France Audun-le-Tiche, Au-
metz, Thionville, Joeuf, les 43000 hectares de ter-
rains miniers, 27 hauts fourneaux sur les 45 que
comptait la Lorraine, les Allemands croyaient nous
abattre en nous privant de tout notre fer. Déjà, en
effet, à cette époque la production du minerai de
l'Est, de cette minette si difficile à utiliser techni-

---

1. Certains grands métallurgistes fixent ces importations
pour 1913 à 4558000 tonnes en provenance de Suède et
3632000 en provenance d'Espagne.

quement, représentait la moitié de notre extraction totale, car depuis 1860, où la minette n'en représentait que les 11 °/₀, la fonte de minette fondue au coke s'était en Lorraine substituée à la fonte de fer fondue au bois.

A l'exception des quelques exploitations à flanc de coteau des bassins de Longwy et de Nancy, la carte au liséré vert dépouillait la France au profit de l'Allemagne des gîtes utilisables. La frontière de 1871 nous laissait cependant, à l'insu de nos ennemis, beaucoup plus riches qu'eux-mêmes, car nous conservions toutes les immenses réserves des minerais de profondeur chargés en phosphore que la technique de cette époque ne permettait pas de traiter : du bassin géographique lorrain elle nous laissait la meilleure part.

Une découverte anglaise, celle de Thomas Gilchrist, constitua une véritable révolution industrielle et fit la fortune de l'Allemagne. C'est d'elle que date l'essor de sa métallurgie. Du phosphore, ennemi du métallurgiste, Thomas Gilchrist fit le plus précieux allié. En substituant aux revêtements acides des fours et des cornues des revêtements basiques, à base de carbonate de chaux, la combustion du phosphore et sa combinaison avec la chaux contribuaient à développer les hautes températures indispensables. L'opération métallurgique s'effectuait d'autant plus fructueusement que la teneur en phosphore était plus considérable.

Grâce à ce procédé, que l'inventeur céda pour
1 250 francs à un Belge et qui fut proposé peu après
au Creusot pour 25 000 francs et vendu aux métallurgistes français de l'Est pour 800 000 francs, la
Lorraine allemande prenait toute sa valeur. Et, cependant, de ce jour elle allait devenir tributaire
de la Lorraine française pour une raison décisive.

Les minerais de Briey devenaient le complément
indispensable de ceux de Thionville.

Des couches qui constituent le gisement lorrain,
la grise, la plus importante d'ailleurs, est calcaire
et se prête au traitement Thomas, mais dans les
quatre autres, la jaune, la noire, la brune et la
rouge, le ciment siliceux qui enrobe les oolithes
ferrifères est acide.

De telle sorte que, lorsque l'intensité de leur extraction obligea les métallurgistes allemands à utiliser ces minettes acides, il leur fallut y ajouter un
fondant calcaire.

Les autres minerais de l'Empire, ceux qu'ils peuvent faire venir de Suède et d'Espagne étant acides,
les hématites siliceuses que faisaient rechercher
les procédés Bessemer et Martin, loin de les aider
dans la solution du problème, n'auraient fait qu'ag-
graver les difficultés.

Il fallait de toute nécessité ajouter à ces minettes un fondant calcaire. Il s'en offrait de deux
sortes, soit celui que les Allemands trouvaient
chez eux, matière inerte qui diminuait la teneur

d'un lit de fusion déjà pauvre, soit nos minerais de Briey qui au contraire l'enrichissaient puisqu'ils contiennent de 7 à 8 unités de plus que ceux de la Lorraine annexée. Complémentaires de ceux qu'elle possédait, leur emploi s'imposait à l'Allemagne.

Ce qu'avait fait harmonieusement la nature en réunissant dans le bassin géographique lorrain les minerais phosphoreux complémentaires et ce qu'avait détruit le traité de Francfort en scindant ce bassin, la métallurgie allemande voulait et devait le reconstituer, car seule cette reconstitution pouvait lui assurer toute la puissance nécessaire aux fins industrielles et politiques de l'Allemagne.

S'il en fallait une démonstration, on la trouverait dans la progression de ses importations de minerai de notre bassin lorrain. De 54 000 tonnes en 1892, elles passaient à 1 400 000 tonnes environ en 1909 et à 3 811 000 en 1913, c'est-à-dire que, pour la partie de sa production métallurgique obtenue par le procédé Thomas, l'Allemagne dépendait à concurrence du cinquième des minerais français.

Il ne faut pas oublier, non plus, que la réunion du fer et du charbon, en Lorraine annexée, tendait à la concentration métallurgique allemande, sur la frontière même, sous la menace du canon français. C'était, au point de vue militaire et politique, un très grave danger qui n'eût point échappé à la clairvoyance du Gouvernement allemand, si d'autres motifs, ceux-là d'ordre économique, n'avaient pas conduit à la même conséquence.

Avant la guerre franco-allemande de 1870, le centre métallurgique allemand principal était en Westphalie, sur la rive droite du Rhin, en plein bassin houiller, mais l'industrie s'y intégrait sur la fonte et les demi-produits dont elle achevait l'élaboration et la transformation. Il se trouva placé sous la domination économique des usines lorraines, du fait de la suprématie que s'acquit la fonte Thomas. En dépit des méthodes auxquelles recourut le Gouvernement : hausse des prix des charbons de la Sarre, dont il était le principal propriétaire, entraves au transport des produits métallurgiques sur l'Allemagne, etc., pour déterminer un courant d'exportations du minerai vers la Westphalie, la situation de ce centre allait s'aggravant. Et, malgré la constitution du *Stahlwersband,* qui avantageait considérablement les producteurs de la rive droite du Rhin, l'attrait de l'intégration de la production de la fonte et des demi-produits sur le charbon et le minerai, c'est-à-dire sur la frontière, amena, après la grande crise du début de ce siècle, les métallurgistes westphaliens à chercher à s'affranchir de leurs confrères de Lorraine annexée et à se procurer ailleurs leur minerai. Le plus proche, le plus économique, pour les raisons que nous venons de dire, le seul, en réalité, qui convînt, était celui de Briey : c'est

2.

ce qui les amena à prendre dans notre bassin des intérêts considérables, en même temps qu'ils édifiaient de vastes usines de l'autre côté de la frontière pour bénéficier, dans toute la mesure qui leur convenait, de la proximité du charbon de la Sarre.

L'on comprend dès lors pourquoi il était vital pour l'Allemagne, à raison de la prépondérance du minerai lorrain dans sa métallurgie, de posséder, dès les premières heures de la guerre, notre bassin ferrifère de Lorraine, et pourquoi, pour elle comme pour nous, la possession totale du bassin lorrain est l'un des buts finaux de la guerre, sinon le principal.

A la lumière de ces constatations, qui montrent de façon péremptoire que c'est par Briey que l'Allemagne peut tenir et mener la guerre, puisque le seul minerai lorrain couvre de 60 à 80 % de la fabrication du fer brut et de l'acier, les deux cris des grandes associations industrielles et agricoles allemandes prennent toute leur signification : « *Si la production de fer brut et d'acier n'avait pas été doublée depuis le mois d'août* (1914), *la continuation de la guerre eût été impossible..... si la production de la minette* (minerai lorrain) *était troublée, la guerre serait quasiment perdue!* »

Ce sont des cris de triomphe et de détresse tout à la fois, car ils révèlent la force et la faiblesse de nos adversaires à qui le sol lorrain donne seul toute

leur puissance métallurgique formidable, aujour-
d'hui utilisée uniquement pour les fins de la
guerre, mais qui demain comme hier serait l'instrument de l'oppression économique la plus absolue.

L'on demeure confondu lorsque dans un journal
comme *le Temps*, sous le titre « La légende du
bassin de Briey », on trouve cette affirmation :
« *Pour fabriquer leurs munitions, les Allemands
n'ont pas besoin de la moindre tonne de fer du
bassin de Briey* », que l'auteur étaye par cette
autre qui, toute technique qu'elle soit, n'en a pas
moins une grande importance. « Aucun spécialiste
n'ignore que la « minette » sert à la fabrication de
l'acier Thomas, alors que les enveloppes d'obus
sont faites, pour ainsi dire, exclusivement avec de
l'acier Martin, obtenu par le traitement du minerai
de fer ordinaire (hématite). Si intéressante que soit
pour les Allemands la « minette » de Briey en
temps normal, ce que les métallurgistes d'outre-
Rhin demandent en temps de guerre, c'est surtout
le minerai courant. »

Et par des considérations d'allure fort savante,
que voudraient confirmer des statistiques, d'une
rigoureuse exactitude d'ailleurs, l'auteur s'efforce
de démontrer la vérité de sa thèse.

La contradiction flagrante entre ses affirmations
et celles des six grandes associations allemandes
que nous venons de citer permet de les révoquer
en doute.

Quel que soit le point de vue auquel on se place, l'affirmation allemande s'impose.

Si, comme le dit M. Hoschiller, la possession du bassin de Briey n'avait d'intérêt pour nos ennemis qu'en vue de la métallurgie de paix, leurs dires ne se comprendraient pas, alors que leurs armes occupent depuis les premières semaines de la guerre les mines françaises. Ils n'auraient dans ces conditions aucun intérêt à proclamer la vulnérabilité de leur pays pour les fabrications de guerre, et c'est seulement lors de la discussion des clauses de paix qu'il leur aurait importé de se targuer de l'état de fait en vue des circonstances économiques.

Si l'on veut suivre M. Max Hoschiller sur le terrain où il se place, à savoir qu'étant donné que la production de fonte pendant la guerre, environ 12 millions de tonnes (au lieu de 19 en 1913) a été ramenée au chiffre de 1908, la production des seuls minerais allemands et luxembourgeois (36 millions de tonnes environ) est largement suffisante pour des besoins auxquels satisfaisaient 31 millions de tonnes de minerais, et que c'est d'ailleurs exclusivement la fonte et l'acier Martin qui sont utilisés, l'on constate également que sa thèse est peu conciliable avec des faits indiscutables qu'il passe sous silence, et dont l'absence ne saurait frapper le lecteur d'un quotidien.

Si, comme le dit l'auteur de l'article du *Temps,*

l'acier Martin, dont sont faites les enveloppes d'o-
bus, provient uniquement du traitement des hématites, l'on est immédiatement frappé de ce
fait : les minerais que l'Allemagne produit ou im-
porte, en dehors du minerai lorrain, ne pouvaient
lui fournir en 1913 que 7 millions de tonnes de
fonte Martin sur les 19 millions qu'elle produi-
sait, le solde étant de la fonte Thomas, de telle
sorte qu'au moins à concurrence des $42 \, °/_0$ de sa
production réduite de fonte, elle doit recourir au
minerai lorrain. Et nous avons vu que la fabrication de la fonte Thomas exige un mélange dans
lequel le minerai de Briey entre dans une proportion élevée. Il y a plus, d'ailleurs. En disant que
les « enveloppes d'obus sont faites pour ainsi dire
exclusivement avec de l'acier Martin obtenu par le
traitement du minerai de fer ordinaire (hématite) »,
M. Hoschiller apporte une affirmation singulièrement osée. Qu'on en juge. Déjà dans le rapport
présenté par le Comité des forges à sa récente as-
semblée générale on trouve cette indication : « La
fabrication des obus en *fonte* aciérée a dépassé
toutes les espérances les plus optimistes..... » qui
ne paraît pas de nature à étayer l'argumentation de
l'article du *Temps*.

Mais il y a plus : en effet, les améliorations in-
cessantes qui furent apportées en Allemagne et,
spécialement, en Westphalie au procédé Siemens-
Martin basé, on le sait, sur l'utilisation des gaz

de houille, ont permis de l'adapter au traitement des minerais phosphoreux dont l'emploi a été rendu possible ainsi pour la fabrication de l'acier Martin, et de le rendre économiquement plus avantageux grâce à la vente pour engrais des scories phosphatées.

Les Allemands eux-mêmes ont d'ailleurs dès longtemps réfuté par avance, de la manière la plus catégorique, l'affirmation qui précède en déclarant, — en dépit de ce « qu'aucun spécialiste n'ignore... que les enveloppes d'obus sont faites pour ainsi dire exclusivement avec de l'acier Martin obtenu par le traitement du minerai de fer ordinaire (hématite) » ainsi que l'écrit M. Hoschiller, — employer pour la fabrication de leurs obus de fonte grise quelque 120 000 tonnes de fonte Thomas par mois.

Voici en effet ce que dit le manifeste déjà cité des six grandes associations allemandes :

« La confiscation des régions de minerais de Meurthe-et-Moselle..... représente des nécessités militaires..... car il n'y a pas abondance de fer brut et d'acier..... La fabrication des obus nécessite des quantités de fer et d'acier dont on ne pouvait se faire une idée autrefois.

» Pour les obus de fonte grise seulement, qui remplacent en qualité inférieure les obus en fonte d'acier et les obus en acier étiré, on a eu besoin dans les derniers mois de quantités de fer brut qui attei-

gnent au moins 4 millions de kilos par jour ; on n'a
pas à ce sujet de chiffre exact, mais si la production de fers bruts et d'acier n'avait pas été doublée
depuis août (1914) la continuation de la guerre eût
été impossible.

» Comme matière première pour la fabrication
de ces quantités de fers bruts et d'acier, la MINETTE
prend une place des plus importantes, car ce minerai SEUL peut être extrait chez nous en quantités
qui augmentent rapidement..... Même en dehors
du Luxembourg et de la Lorraine, la minette
couvre en ce moment 6o à 8o % de la fabrication
du fer brut et de l'acier..... »

Enfin, sans vouloir reprendre un à un les arguments de M. Hoschiller, on ne peut manquer d'être
frappé de la rédaction qu'il a employée.

L'impression qui se dégage de son article, si
habilement écrit, est que l'Allemagne en guerre
n'a nul besoin de nos gisements ferrifères de l'Est
et que dès lors il est inexact que l'occupation du
bassin de Briey lui soit indispensable ou même
avantageuse.

C'est l'impression qu'il cherche à laisser dans
l'esprit du lecteur, car il se borne à employer, tant
dans son préambule que dans sa seconde affirmation reproduite ci-dessus, le mot « munitions »
sans parler ni faire même allusion aux autres fabrications de guerre ou aux fabrications annexes,
rails, poutrelles, etc.

Et c'est là évidemment qu'est l'équivoque[1] si dangereuse pour l'avenir, que l'on cherche à créer et grâce à laquelle on vise à établir un irrésistible courant d'opinion.

Car il y a manifestement une équivoque. En effet, s'il y a dans les milieux métallurgiques des hommes autorisés qui sont d'avis que l'Allemagne en guerre n'utilise les minerais de Briey que dans une très faible proportion (9 °/₀ de la fonte actuellement produite), il en est d'autres, non moins autorisés, qui affirment que nos adversaires exploitent d'une manière particulièrement intensive nos gisements lorrains.

Ainsi donc l'on aboutit, en dépit de l'article du *Temps* et d'autres publications de même tendance, sur lesquelles il faudra revenir, à une double constatation :

La métallurgie est l'industrie fondamentale et vitale de l'Allemagne dans la paix comme dans la guerre et l'instrument indispensable de l'hégémonie économique à laquelle elle vise. Son essor, ou même seulement le maintien de son activité antérieure à la guerre, est indissolublement lié à la possession allemande du bassin de Briey, ou à sa mainmise sur lui.

---

1. Peut-être même les spécifications faites par les administrations compétentes en France, et qui n'ont été supprimées qu'en cours de guerre, ont-elles facilité cette équivoque. Elles exigeaient des aciers produits sur « sole acide », donc l'emploi des procédés Bessemer ou Siemens-Martin.

III

Les conséquences économiques de la réincorporation de la Lorraine à la France.

La France doit unanimement, pour des raisons très évidentes, se montrer intransigeante pour la réintégration absolue de l'Alsace-Lorraine.

La conséquence en est qu'au lendemain de la paix la France aura la totalité de l'immense gisement lorrain, avec des réserves de fer qui suffiraient à ses actuels besoins, même considérablement accrus, pour des centaines d'années. Et du même moment l'Allemagne ne trouvera plus sur son territoire les matières premières indispensables au maintien de sa métallurgie et de toutes les industries dérivées. Non seulement elle n'aura plus la possibilité de préparer de nouvelles agressions, mais elle devra résoudre, dans son intégralité, le problème de son commerce extérieur et des moyens dont elle disposera désormais pour faire face ou suppléer à ses importations qui, de 4 milliards de marks en 1892, avaient passé à 11 milliards de marks en 1913. Problème, sans doute, angoissant, car il est la traduction d'un bouleversement économique sans précédent, mais évidemment point insoluble

3

pour un pays qui, en pleine guerre, a su et pu faire l'effort prodigieux, avec des effectifs ouvriers réduits par les nécessités militaires, de se suffire avec les produits de son sol et ceux que l'ingéniosité et la science de l'homme tirent des éléments naturels, domestiqués par sa volonté.

Il suffit d'ailleurs que pareille éventualité puisse se présenter à l'Allemagne pour que l'on soit assuré qu'elle poursuivra la lutte jusqu'aux limites les plus extrêmes de sa résistance.

Aussi la question pourrait-elle se poser de savoir si la France devra se montrer inflexible, non pour la réincorporation de la Lorraine, mais dans les discussions économiques relatives au fer lorrain.

Comme le montrait récemment, dans des pages saisissantes, M. de Launay [1] : « Rester intransigeants pour les mines c'est assurer la paix; car c'est empêcher une agression des Allemands, suivant l'expression de nos communiqués, « par un tir de barrage. »

L'on ne saurait mieux dire et l'on ne peut que se rallier sans hésitations à cette idée qu'il développe avec tant de force.

Que signifiera pour la France le retour du bassin lorrain ? C'est ce qu'il y a lieu d'examiner avec d'autant plus d'attention que l'on y trouvera l'ori-

---

1. Le problème franco-allemand du fer. — *Revue des Deux-Mondes*, du 15 juillet 1916.

gine des campagnes et des controverses dont la presse nous apporte les échos.

Même mutilée en 1871, la France, tant métropolitaine que coloniale, était, à la veille de la guerre, l'un des pays ayant le sous-sol le plus riche en minerai de fer. Sans parler des régions du Centre aujourd'hui presque épuisées, de nos gîtes des Pyrénées, de la Normandie et de la Bretagne dont la production de 1,2 million de tonnes est appelée à croître et qui constitueraient des réserves point négligeables, sans parler davantage de nos mines d'Algérie et de l'Ouenza, nos seuls gisements de la Lorraine demeurée française constituaient une réserve de 3 milliards de tonnes, ou, en d'autres termes, égale aux trois demies des réserves allemandes.

La réunion des bassins de Briey et de Thionville mettra la France en possession de plus de 5 milliards de tonnes de minerai de fer lorrain et, en supposant que l'extraction globale de 1913 ne se trouve pas accrue, lui assurera une production annuelle de quelque 40 millions de tonnes, la plus forte en Europe, et que des efforts pourraient rapprocher de celle du plus grand producteur du monde, les États-Unis, avec leurs 55 millions de tonnes.

Ces quelques chiffres montrent qu'au point de vue du fer, la France, même replacée seulement dans ses frontières de 1815, se trouvera posséder une situation sans rivale en Europe et que, jugées par ce criterium unique, ses perspectives industrielles seront illimitées. Car le minerai de fer et la richesse qui en découle ne peuvent s'estimer sur la valeur marchande de ce produit. Le minerai de fer ce n'est pas seulement la fonte et l'acier, mais c'est surtout les produits dérivés élaborés par les industries successives des constructions mécaniques. Et les 90 francs de fonte brute que fournissent les trois tonnes de minerai de Briey, valant 5 francs la tonne, se transforment à leur tour en machines, en navires, se vendant sur la base de 1500 francs la tonne. L'on ne saurait trop se rappeler à cet égard que l'Allemagne avait énormément développé ces fabrications filiales de la sidérurgie et qu'elle écoulait, tant chez nos Alliés (2 millions 1/2 de tonnes) que dans les autres pays du globe, 7 millions 1/2 de tonnes de machines et de produits élaborés dont l'exportation lui était plus profitable que celle de la fonte ou de l'acier.

Ainsi donc la reprise de l'Alsace-Lorraine serait pour nous, si le fer se suffisait à lui-même, l'origine d'une ère économique nouvelle, caractérisée par la transformation profonde de nos activités, par la prépondérance de la métallurgie et des industries mécaniques sur toutes les autres branches de notre production, même agricole. C'est qu'aussi bien l'extraction annuelle de 40 millions de tonnes de minerai et davantage aurait une singulière répercussion sur la situation du marché intérieur, et aussi ouvrirait à notre pays des débouchés nouveaux sur les marchés extérieurs. Elle fournirait à notre flotte marchande le fret lourd qui lui fait tant défaut et contribuerait à lui donner l'un des éléments les plus indispensables de vitalité pour les industries de transports maritimes.

Malheureusement le fer ne se suffit pas à lui-même, et, à l'opposé de l'Allemagne, la France n'a pas, même dans ses frontières de 1815, des réserves de charbon lui permettant la mise en valeur de ses richesses ferrifères. Malgré qu'elle ait été, déjà avant la guerre, plus favorisée que ses adversaires à cet égard, sa métallurgie était loin d'avoir pris un développement de même ordre.

Si l'extraction de nos minerais — surtout dans l'Est — avait considérablement progressé, puisqu'elle passait en moins de vingt-cinq ans de 3 millions 1/2 à près de 22 millions de tonnes, sur lesquelles la part du bassin de Briey avait dans le même temps monté de 2,2 à 19 millions 1/2 de tonnes, il s'en faut que leur utilisation nationale ait suivi une marche parallèle.

Alors que la production allemande de fonte dépassait 19 millions de tonnes et que celle d'acier atteignait à peu près au même chiffre, nous ne fabriquions guère en 1913 que 5 millions de tonnes de fonte et 4 400 000 tonnes d'acier. C'est dire que des 19 millions 1/2 de tonnes de minerai que nous donnait le bassin de Briey, nous devions exporter quelque 8 millions, faute de combustible pour le traiter.

En dépit de l'utilisation restreinte de ses minerais, la France était tributaire de l'étranger pour le tiers de sa consommation de houille. Sur les 62 millions de tonnes dont il était besoin, l'extraction de nos mines atteignait seulement 41 millions de tonnes. Il faudrait donc, pour que nous puissions élaborer sur notre sol, en sus de notre production, les 21 millions de tonnes de la Lorraine allemande, trouver encore 37 à 38 millions de tonnes de houille.

C'est un nouveau problème qui se pose. Il admet évidemment des solutions diverses. Leur examen rapide s'impose, car les unes ou les autres sont de la plus haute importance pour l'avenir.

Elles peuvent se classer en deux grandes catégories, suivant qu'elles s'inspirent des méthodes que notre pénurie de charbon avait fait adopter, ou qu'elles visent, au contraire, à la pleine utilisation de nos minerais par l'obtention des quantités nécessaires de combustibles. En d'autres termes, il s'agit de décider si la France persévérera dans le système pratiqué à Briey, des échanges de fer contre le charbon.

IV

La thèse de l'exterritorialité économique.

D'un point de vue théorique — et faisant abstraction des considérations de sécurité générale
que nous avons résumées — il serait puéril de dissimuler que les solutions du premier ordre présentent de grands avantages.

Possédant des réserves immenses de minerai de
fer avec les 5 100 millions de tonnes du bassin
lorrain géographique, auxquelles s'ajoutent pour les
autres gisements, de 300 à 400 millions de tonnes,
suivant l'évaluation de M. de Launay, et de plusieurs milliards de tonnes suivant celle de M. Henry
Beranger qui fixait récemment à un milliard de
tonnes les réserves de Normandie, à pareil chiffre
celles de la Basse-Loire, à un montant supérieur
celles d'Algérie et de Tunisie, sans parler des autres gîtes, la France se trouve presque surabon-
damment riche. Cette richesse n'est pas, de façon
certaine, de celles que l'on peut impunément économiser; de même que le procédé de déphosphoration a fait entrer en jeu les 5 milliards de tonnes
de fer lorrain, il est raisonnable de prévoir que
celui-ci pourrait, un jour donné, se trouver déprécié
si quelque progrès technique permettait l'utilisa-

31

tion des minerais à très faible teneur répandus partout à la surface du globe et que leur diffusion même rendrait préférables au point de vue économique, puisqu'il n'est guère de pays dans le monde qui n'en ait d'amples réserves.

La seule politique raisonnable serait donc, dit-on, d'intensifier l'extraction en vue de tirer le plus rapidement possible parti de cette richesse, dont le produit pourrait être employé à féconder d'autres entreprises. L'on serait amené, par conséquent, à vendre une partie du minerai en échange de charbon. Ce système serait d'autant plus sage qu'il contribuerait à abaisser le prix de revient dans la fabrication de la fonte, ce qui logiquement améliorerait la situation des producteurs français sur le marché international. En outre, sur le marché national, il éviterait une crise de surproduction d'autant plus redoutable que, d'une part, si l'on peut envisager pour la fonte une augmentation de consommation même appréciable par tête (1/2 environ pour les poutrelles, les chiffres respectifs pour la France et l'Allemagne étant de 8 k. et 12 k. 4), l'augmentation globale serait relativement restreinte eu égard à la différence des populations, et que, d'autre part, la production de minerai serait plus que doublée par l'adjonction de celle de la Lorraine annexée et, ramenée à l'unité de fonte, passerait de 5 à 24 millions de tonnes.

Si l'on examine les arguments théoriques à la

lumière des faits, on est amené à constater que, dans les applications antérieures à la guerre de ce système, le principal courant de nos exportations de cet ordre se dirigeait sur l'Allemagne. Elle absorbait en 1913 près de la moitié du total, et ses achats allaient croissants. C'est logiquement vers elle — que le retour de la Lorraine à la France priverait de ses principales sources de fer — que devraient se diriger en majeure partie nos exportations.

Voici d'ailleurs le raisonnement qui n'émane pas d'un journaliste :

Le retour de la Lorraine à la France nous rendra nécessairement grands exportateurs de minerais, parce que, d'une part, le marché français, qui ne pouvait avant la guerre absorber que partie de sa production, ne saurait évidemment consommer une augmentation qui la doublera et que d'autre part l'obligation de rétablir les changes en sera une seconde raison impérieuse. L'on dit également que c'est vers l'Allemagne que la majeure partie de ces exportations devra se diriger, car, dans la meilleure hypothèse, les pays Alliés et les Neutres n'en sauraient importer qu'une proportion assez faible.

C'est une constatation troublante et qui veut qu'on entre plus avant dans l'examen du système. Il semble devoir, en effet, conduire à des conséquences extrêmement graves pour l'avenir, puisqu'il aboutit, en dernière analyse, à rendre indirectement à l'Allemagne une métallurgie puissante et par elle les moyens d'agression dont la victoire des Alliés aura pour effet de la priver.

Et, dès lors, on peut se demander si les partisans les plus ardents de cette politique s'inspirent, comme ils voudraient le faire croire, des considérations d'intérêt général, ou s'ils sont, au contraire, mus uniquement par des intérêts particuliers, contre la satisfaction desquels on ne saurait trop énergiquement réagir.

Arrivés à ce point, il faut, pour l'intelligence de la discussion, rappeler les lignes générales des accords économiques, de plus en plus étroits, conclus entre sidérurgistes français et allemands de l'Est avant la guerre. Leur essence même était l'échange de minerai contre du charbon.

Commercialement, l'intérêt français était, par suite de notre pénurie de charbon, très évident. L'un des plus riches bassins houillers du monde, celui de Westphalie, se trouve géographiquement le pourvoyeur du bassin ferrifère lorrain. Sa capacité de production est pour ainsi dire illimitée, de telle sorte qu'il lui est aisé de fournir à bon compte la houille et le coke indispensables ; à meilleur compte même, affirme-t-on, que les autres grands producteurs, que le Royaume-Uni, en particulier, dont la distance au fer lorrain est beaucoup plus grande. — On fait aussi valoir, dans le même sens, d'autres arguments d'ordre technique et économique. Il est juste de dire, incidemment, sans méconnaître la valeur de ces arguments, qu'ils ne sont pas aussi absolus qu'on pourrait le penser, car des usines, parmi les plus importantes de notre bassin lorrain, s'approvisionnaient pour partie en charbon anglais, et il est loin d'être démontré que nos bassins du Nord n'auraient pu satisfaire à la demande de nos métallurgistes de l'Est.

Du côté allemand, l'intérêt était au moins égal. Nous avons vu précédemment l'importance pour nos adversaires de se procurer nos minerais calcaires complémentaires de leur « minette » acide, et dont l'importance était vitale pour la Westphalie, encore que ses grands chefs Thyssen, Phönix, Güttehoffnung et Gelsenkirchen, indépendamment de leurs usines projetées de Lorraine, eussent acquis des intérêts prépondérants en Normandie. Il était d'autres motifs au moins aussi puissants. Si l'on étudie la progression de l'extraction en Lorraine annexée, on voit qu'elle est extrêmement rapide : de 3 millions de tonnes en 1880, elle passe à 4 1/2 en 1890, 7 1/2 en 1900, 14 1/2 en 1910 et 21 millions en 1913. Si, comme l'a montré M. de Launay[1], on trace la courbe représentative et on la prolonge, on arrive à la conclusion que l'Allemagne s'était mise, comme le graphique ci-contre permet de le constater, sur le

1. *Loco cit.*

DIAGRAMME

de l'extraction de la minette en Lorraine annexée

de 1880 à 1890	de 1890 à 1900	de 1900 à 1910	de 1910 à 1920	de 1920 à 1930	de 1930 à 1940	de 1940 à 1947
37.050.000 T.	58.500.000 T.	106.500.000 T.	242.436.000 T.	460.000.000 T.	680.000.000 T.	515.000.000 T

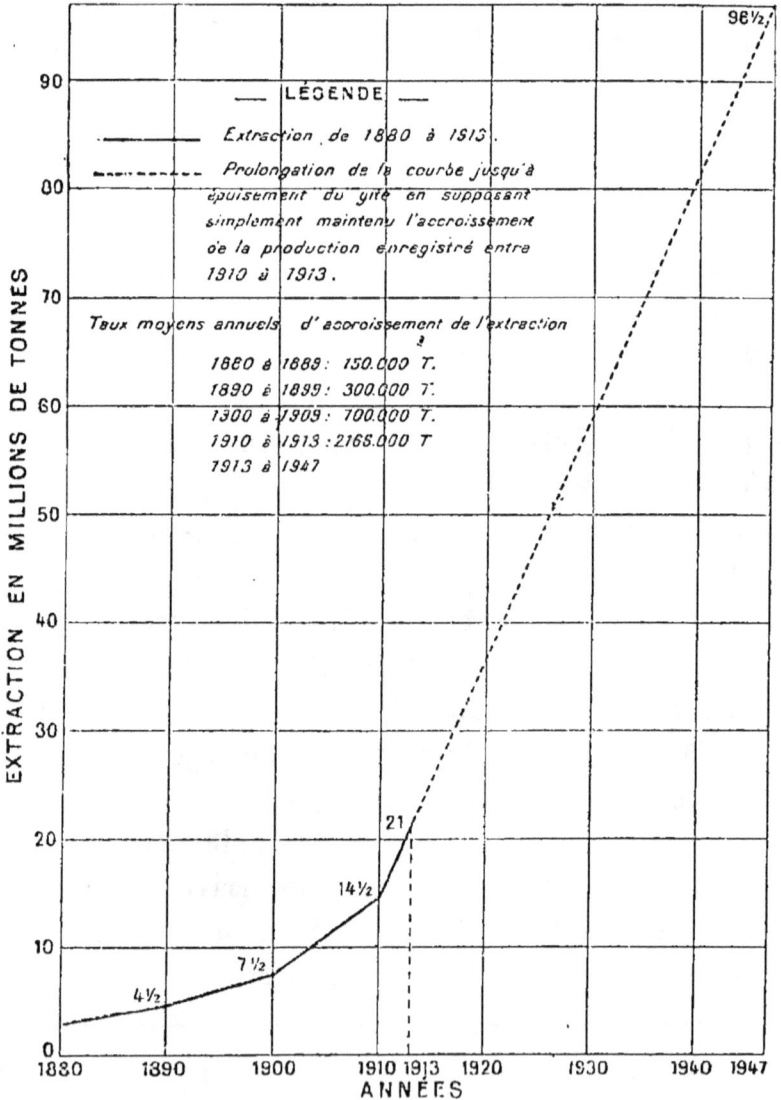

LÉGENDE

———— Extraction de 1880 à 1913.

— - — - — - — Prolongation de la courbe jusqu'à épuisement du gîte en supposant simplement maintenu l'accroissement de la production enregistré entre 1910 à 1913.

Taux moyens annuels d'accroissement de l'extraction

1880 à 1889 : 150.000 T.
1890 à 1899 : 300.000 T.
1900 à 1909 : 700.000 T.
1910 à 1913 : 2.168.000 T
1913 à 1947

EXTRACTION EN MILLIONS DE TONNES

ANNÉES

pied d'épuiser ses mines lorraines vers 1945-1950, c'est-à-dire dans moins de quarante ans, ou d'interrompre « ce développement incessant qui était la base fragile de toute sa prospérité ». Par suite, l'alimentation en minerai français était pour elle une de ces questions de « vie ou de mort » dont parlait M. de Bethmann-Holweg.

Les tractations ont été de divers types. Les premières étaient de simples contrats de vente, puis vinrent les formes plus complexes d'achat de mines et enfin de liaisons plus intimes d'intérêts sous forme de participations réciproques dans des entreprises possédant des mines de fer en Lorraine et des charbonnages en Westphalie.

Cette liaison d'intérêts avait une portée plus grande encore qu'il n'apparaît, car, protégés sur le marché intérieur par des tarifs de douane, savamment élaborés dans l'ensemble et qui en écartaient la concurrence germanique, nos sidérurgistes pouvaient bénéficier, pour l'exportation, de tout le système allemand de cartels et de primes, en établissant sur le territoire d'Empire des usines de production leur appartenant en propre ou possédées par ces sociétés franco-allemandes.

On conçoit l'avantage que pourrait avoir pour certains la perpétuation du régime d'avant-guerre, amélioré encore soit par l'abrogation de l'article 419 du Code pénal sur l'accaparement que demandent certaines associations, ce qui faciliterait

les ententes entre producteurs et la domination
complète du marché intérieur; soit par les conditions que le traité de paix imposera aux vaincus.
Les mobiles qu'il y a à soutenir que le maintien du
système des échanges s'impose deviennent lumineux, et l'on s'explique aisément pourquoi l'on tend
avec tant d'insistance à nier l'utilité du bassin de
Briey pour les Allemands et à déprécier systéma-
tiquement l'importance de leur bassin de Thionville pour la conduite de la guerre [1].

Cette thèse a été d'ailleurs soutenue de la manière la plus nette dans un article de *l'Information*
du 22 décembre 1915, qui a eu un profond et dou-
loureux retentissement.

Elle se résume dans la formule de « *l'exterrito-
rialité économique de la région de Thionville* »,
pour lui conserver le terme aujourd'hui consacré.
Se basant sur la pénurie en houille de la France,
d'une part, et, d'autre part, sur la crainte des
malheurs que provoquerait une crise de surproduction, elle arrive à la conclusion qu'il faut
écarter les usines de la Lorraine annexée du
marché français.

Voici d'ailleurs ce que disait l'auteur de cet
article :

Après avoir montré que le minerai de Thionville

---

1. Cf. Minerais de Briey et d'ailleurs. *L'Information*, lundi
24 juillet 1916.

est nécessaire à la métallurgie allemande « elle-même industrie vitale de l'Empire », il ajoutait que, pour lui éviter un préjudice mortel, il faudrait « *accorder seulement à la sidérurgie de la Lorraine annexée, usines et mines, un statut économique spécial, tel que ses relations avec l'Empire allemand ne soient pas altérées par le nouvel état de choses* » ; « *un régime d'exception pour la douane et le transport des minerais, des combustibles et des produits sidérurgiques* ». Cette idée aurait été émise « discrètement » dans certains milieux sidérurgiques français. On disait ceci : « *la reprise de l'Alsace-Lorraine, sujet d'allégresse pour la France entière, va cependant créer une situation difficile pour la sidérurgie de l'Est qui ne pourra lutter immédiatement et, en France même, contre les usines allemandes du bassin de Thionville ; c'est Rœchling, Stumm, Thyssen qui vont devenir les rois de la métallurgie française* ». Pour « *parer à ce danger* », on propose « *d'écarter ces métallurgistes allemands du marché français en leur conservant le statu* quo ante *économique par un régime douanier et ferroviaire spécial..... Il suffirait de mettre un douanier à chacune des onze usines, Moyeuvre, Rombas, Maizières, Hagondange, Uckange, Thionville, Hayange, Kuntange, Redange, Ottange, Audun-le-Tiche..... La Compagnie de l'Est n'aurait qu'à appliquer les tarifs allemands d'avant-guerre sur les quelques*

*kilomètres de rails séparant ces mines et usines de
la frontière prussienne.* »

Cette citation est empruntée presque textuelle-
ment à un admirable article publié le 24 juillet 1916
dans l'*Écho de Paris* sous ce titre : « **Nous ne lais-
serons pas saboter la Victoire [1].** »

Son auteur, M. Fernand Engerand, qui a fait
une étude approfondie de la question du fer lorrain,
continuait d'ailleurs en disant : « Quoi qu'en dise
l'auteur de cet article, je ne veux pas croire qu'il
faille voir là la pensée de notre métallurgie française, ni même de tel ou tel de ses groupes, et il
serait sans doute injuste de faire porter sur toute
une collectivité la responsabilité d'une aussi monstrueuse suggestion.

» Mais tout de même cet article ne s'est pas
écrit tout seul, il reflète et traduit un état d'esprit
dont l'opinion souveraine ne peut pas ne pas se
préoccuper. Car ce n'est pas à la seule métallurgie
allemande que ce rameau d'olivier est tendu par-
dessus le front de nos armées, c'est avec elle à
l'industrie de la potasse. »

Prenant texte de la première partie de cette
phrase, M. Pralon, vice-président du Comité des
Forges, tint à affirmer hautement dès le lende-

---

1. Quatre jours plus tard, le 28 juillet, l'*Information* se déso-
lidarisait de l'article de M. L. Bailly, disant notamment : « Notre
rédaction financière avait reproduit l'opinion de ce correspondant à titre de curiosité et nullement comme l'opinion même
de ce journal. »

main, dans une lettre adressée à ce journal, que cette pensée n'avait jamais été celle des dirigeants de la sidérurgie. Et il ajoutait : « Il (M. Engerand) sait mieux que personne combien sur ce point notre patriotisme est vigilant et avec quel soin nous tenons à identifier nos intérêts corporatifs avec l'intérêt supérieur de la France. »

Si, comme le proclame M. Pralon, les dirigeants responsables de la métallurgie renient cette suggestion monstrueuse, et si personne dans les milieux sidérurgiques ne s'y rallie désormais directement ou non, l'on ne saurait plus écarter *a priori* le système des échanges fer-charbon. Mais à une condition, toutefois. C'est qu'il sera pratiqué seulement en vue d'affranchir la France de l'emprise allemande et dans le sens qu'a fixé la Conférence Économique des Gouvernements Alliés, c'est-à-dire que les ressources naturelles des nations de l'Entente leur seront réservées.

C'est vers nos Alliés que nos exportations de minerais doivent se diriger. L'Angleterre peut, en particulier, devenir à son tour un gros consommateur, si, comme il y a lieu de le penser, elle entend remédier aux faiblesses de son armature industrielle et aux dangers qu'elle lui faisait courir. Et la Belgique, de son côté, aurait, sans nul doute, intérêt à agir de même pour fortifier dans la paix la fraternité et la communauté nées de la lutte menée côte à côte.

V

Le problème du charbon et ses solutions.

a) Le charbon : le bassin de la Sarre et la rive gauche du Rhin.

La seconde catégorie des solutions procède de conceptions toutes différentes.

Le problème consiste essentiellement à approvisionner la France du combustible nécessaire à ses nouveaux besoins industriels, dont le traitement du fer ne sera pas le moindre.

C'est naturellement la consommation pour la sidérurgie qu'il y a lieu d'examiner tout d'abord.

Supposons, en premier lieu, que nous ayons à traiter l'intégralité du minerai de fer, soit 19 millions 1/2 de tonnes de Briey et les 21 millions de Thionville, c'est-à-dire 40 millions 1/2 de tonnes. En admettant que pour chaque tonne de minerai il faille pour arriver aux produits finis 1 300 kilos de charbon, ce qui dépasse assez sensiblement la consommation réelle pour notre fer lorrain, la quantité nécessaire serait de 52 millions de tonnes, auxquelles il faut ajouter la houille consommée pour les autres besoins, soit 49 millions de tonnes en se basant sur les chiffres de 1913. Le montant total serait donc de 101 millions de tonnes. C'est un minimum, car il implique une stagnation de tous les autres besoins, alors que suivant toutes les prévisions ils sont appelés à croître.

On le voit, la tâche est considérable, car en regard de cette consommation notre production nationale n'était que de 41 millions.

C'est un déficit de 60 millions de tonnes qu'il faut combler, au lieu des 21 millions dont nous manquions avant la guerre.

C'est incontestablement un problème complexe, qui peut admettre des solutions diverses.

La première consisterait à demander à l'Allemagne, en particulier à la région de la Ruhr, nos manquants en charbon, tant à raison de leur qualité comme houille et surtout comme coke, que des conditions géographiques et de distance.

Mais elle ne saurait être prise, croyons-nous, en considération qu'à la condition qu'aucun autre moyen d'assurer notre approvisionnement en combustible industriel ne soit possible, car elle revient en dernière analyse au rétablissement du système fer-charbon. Il serait puéril de s'imaginer que l'Allemagne, privée par la victoire de ses principales ressources en minerai de fer[1], placée à cet égard

1. En dehors du gisement lorrain et des petits gisements de de la Lahn, de la Dill et du pays de Siegen, l'Allemagne possède encore celui de Bavière, dont les 130000 hectares concédés sont depuis peu la propriété de la Société « Maximiliens' Hütte ».

Les métallurgistes français ne sont pas d'accord sur sa valeur. Certains évaluent sa capacité à un milliard de tonnes

dans la dépendance de la Suède qui, déjà avant la guerre, et alors que nos ennemis disposaient de leur gisement lorrain, entravait les exportations de minerai, consentît bénévolement à nous fournir, sans compensations, la houille et le coke dont semblable projet lui reconnaîtrait quasiment le monopole, ou tout au moins un monopole de fait. Et d'ailleurs, en pourrait-on douter que les récentes négociations économiques germano-suisses en fourniraient la démonstration la plus éclatante.

Au surplus, ce serait singulièrement restreindre et la portée et la gravité du problème que de le poser dans les termes qui viennent d'être dits.

Pour l'envisager sous son véritable jour, et au risque de se répéter, il n'est pas sans quelque utilité de se souvenir que le retour du bassin géographique du fer lorrain à la France doit transformer complètement l'équilibre sidérurgique de l'Europe. Et, dès lors, l'affaiblissement industriel et politique de l'Allemagne qui en sera la conséquence logique, et qui peut être rendue inéluctable, s'il constitue au premier chef une question nationale dont l'importance ne peut être assez soulignée, intéresse à un très haut degré nos Alliés de Belgique et d'An-

d'une teneur variant de 25 à 55 °/o, et estiment que le minerai, trop peu phosphoreux pour être traité par le procédé Thomas, convient pour le four Martin.

D'autres, d'égale autorité, disent ne pouvoir se prononcer, car le gisement est trop mal connu.

gleterre, puisqu'il est l'une des garanties de l'équilibre et par suite de la paix du monde.

C'est dire aussi que ceux qui ont le pouvoir et la
charge de fixer la politique de demain, Gouvernements et particuliers, ne peuvent désormais
s'inspirer uniquement dans leurs décisions de cette
conception hier encore dominante et absolument
décisive en Angleterre, comme en France : la recherche du bon marché à tout prix, quelles qu'en
puissent être les conséquences.

Il ne saurait en résulter, est-il besoin de le dire,
que par une réaction contre des errements dont le
danger a été reconnu et proclamé, une politique
anti-économique puisse même être envisagée. Mais
la solidarité des Alliés établie et cimentée sur les
champs de bataille, affirmée, à nouveau, il y a
quelques semaines à peine à la Conférence Économique de Paris, offrira, l'on n'en peut douter, des
moyens efficaces de résoudre ce problème vital.

La France est en droit d'escompter, en effet, indépendamment des ressources propres qu'elle
pourra tirer de son propre territoire, tant dans ses
limites anciennes que dans celles que lui assignera
la Victoire, un concours croissant de la part de ses
Alliés.

Il faut donc examiner tout d'abord quelle sera la
situation au lendemain de la restauration de la
Belgique et de nos départements envahis, à laquelle
se sont solennellement et solidairement engagées

les puissances de l'Entente, lors de la Conférence de Paris.

Et tout d'abord, on ne saurait soutenir que nous ayons, avant la Grande Guerre, intensifié au point qu'il aurait convenu l'extraction tant dans nos bassins du Nord que dans ceux du Centre et du Midi, et que nos exploitants soient à cet égard indemnes de tout reproche. Dans le Nord surtout, où la France avait à faible distance de ses centres métallurgiques lorrains des houilles grasses analogues à celles de Westphalie et d'Angleterre, qui eussent pu assurer leur approvisionnement si, jusque bien avant dans la guerre, il n'avait été trop oublié que ces houilles grasses se prêtent à d'autres usages que la combustion sur les grilles, et qu'en dehors du coke et du gaz elles contiennent des sous-produits précieux, benzol et sulfate d'ammoniaque, qui s'obtiennent par distillation et récupération.

Il ne sert de rien de récriminer sur les fautes du passé, ni de rechercher si leur origine n'est pas beaucoup moins dans des raisons techniques, que dans des causes d'ordre économique qui subordonnaient l'intérêt général à des intérêts particuliers[1].

---

1. « On les expliquerait peut-être, a écrit récemment M. Engerand dans son article du « Correspondant » sur la *Politique Économique de l'État allemand*, par le fait que cette utilisation eût nécessairement amené une diminution des prix des charbons et des cokes et que nos houillères trouvaient plus avantageux de gagner autant sinon plus avec moins de peine. »

L'on peut être assuré d'ailleurs que dans ce domaine, comme dans tant d'autres, les enseignements que la France a si durement achetés ne seront pas perdus, et que les liaisons d'intérêts nécessaires entre les industries s'opéreront, qui feront beaucoup mieux mettre en valeur et utiliser, comme il convient, les richesses nationales. Et, s'il en était besoin, on peut penser que le Parlement n'hésiterait pas à fournir aux pouvoirs publics les sanctions efficaces que n'avait pas pu prévoir la loi du 21 avril 1810 sur les Mines.

D'autre part encore, que jusqu'ici l'on ait considéré qu'en dehors des grands bassins houillers la France était dépourvue de combustible minéral, des travaux récents, les uns remontant à quelques années déjà, les autres dont les résultats définitifs ne remontent guère qu'à quelques mois, permettent aujourd'hui d'affirmer l'existence de charbon dans diverses régions françaises.

Celles qui paraissent appelées à jouer le plus rapidement un rôle sont la Lorraine et la région lyonnaise.

Des études minutieuses, entreprises sous la direction de MM. Louis Vilgrain, président de la Chambre de Commerce de Nancy, et président de l'Omnium des grandes sociétés de la région; de M. Villain, ingénieur en chef des Mines, et de M. Gabriel Sepulchre, ont, à la suite de nombreux sondages et de travaux, démontré l'existence d'un

bassin houiller, celui de Pont-à-Mousson-Nomeny.
On y a recoupé à des profondeurs variables, mais
qui atteignent de 1 000 à 1 200 mètres, trois des
quatre faisceaux houillers exploités à Sarrebrück
et en Alsace-Lorraine.

Encore que leur puissance totale aux profondeurs auxquelles l'exploitation peut se poursuivre
ne dépasse pas $4^m,50$ à $5^m,50$ en moyenne, leur
mise en valeur ne saurait tarder. Elle avait été
jugée industriellement possible par nos sidérurgistes de l'Est, en 1910, alors que leurs approvisionnements en charbon de Westphalie ne souf-
fraient aucune difficulté. En dépit des capitaux
nécessaires estimés à quelque 25 millions de francs
pour un seul siège, ils n'attendaient, pour entreprendre les travaux nécessaires, que l'octroi des
concessions. Et cette constatation mérite d'autant
plus d'être signalée que les qualités du charbon
rencontré sont en tous points identiques à celles
de la Sarre.

Mais les sidérurgistes lorrains estimaient à
cette époque, comme d'ailleurs leurs confrères
de la Lorraine annexée, qui, depuis 1895, consomment quelque 5 millions de tonnes du bassin
de la Moselle à la mise en valeur duquel ils
avaient, entre 1895 et 1900, consacré plus de
30 millions de marks, que ce combustible répondait à leurs besoins, et pour reprendre les
termes mêmes dont se servait M. Gabriel Sepul-

chre, le secrétaire de l'Omnium[1], « les charbons ne peuvent être comparés aux charbons à coke de Westphalie ou même de France, ils sont en effet trop riches en matières volatiles pour faire de bon coke, mais tels quels ils alimentent en coke passable toute la métallurgie de la Sarre. »

L'on doit encore citer dans la même région, encore qu'un peu éloigné du bassin ferrifère, un sondage entrepris à Gironcourt, entre Mérécourt et Neufchâteau, par MM. J. Buffet et Victor Sepulchre et qui a atteint le houiller productif entre 700 et 850 mètres.

Dans la région lyonnaise, plus de 30 sondages ont été effectués qui, pour certains à des profondeurs du tiers de celles de Lorraine, ont démontré un bassin houiller dont le charbon est de qualité excellente et qui permet d'escompter un avenir prochain plein de promesses.

Des indices font également supposer que des recherches méthodiques feraient également trouver du charbon dans d'autres parties de la France, en Sologne peut-être, et presque certainement en Normandie, à proximité du bassin de fer. Mais il faudrait que, selon un mot caractéristique d'un homme qui connaît la région, « on renonçât à chercher le charbon là où il n'est pas, afin de le chercher, là où il est. »

---

1. LE BASSIN HOUILLER DE LORRAINE, dans la *Technique moderne* de mars 1910, p. 141 et suiv.

Les initiatives ne feront pas défaut en France pour entreprendre les travaux nécessaires, encore qu'ils soient coûteux — les recherches de Meurthe-et-Moselle ont coûté environ 3 millions — et souvent décevants, mais à la condition que l'administration les encourage et qu'elle renonce au système adopté depuis quelques années et qui conduit en pratique à la suppression pour ainsi dire absolue des concessions nouvelles.

Persister dans des errements aussi détestables serait frapper de stérilité le développement comme la mise en valeur de nos richesses naturelles, dont l'intérêt général et le relèvement national exigent qu'elles soient dès aujourd'hui utilisées.

En dehors des ressources que doit fournir la France de 1914, il y a celles que doivent faire envisager les conséquences territoriales de la victoire.

Et tout d'abord le bassin de la Sarre.

Historiquement il a été français, pour partie tout au moins, depuis le traité de Ryswick qui nous en donna tout le sud. Jusqu'en 1789 notre possession alla croissant, englobant successivement Sarrelouis et la région du nord sur laquelle les princes de Nassau-Sarrebrück avaient organisé de très importantes exploitations. 1815 nous en arracha des zones importantes, la moitié à peu près, et le traité de Francfort, en même temps qu'il nous ravissait la Lorraine et son fer, nous dépouillait de ces réserves de houille.

Cela, tout le monde le sait. Mais l'on ignore généralement que la France a historiquement d'autres droits sur le bassin de la Sarre, parce que ses créateurs véritables furent les ingénieurs du Premier Empire qui le découvrirent par leurs travaux de recherches méthodiques, qui en préparèrent l'aménagement logique et qui s'apprêtaient à en

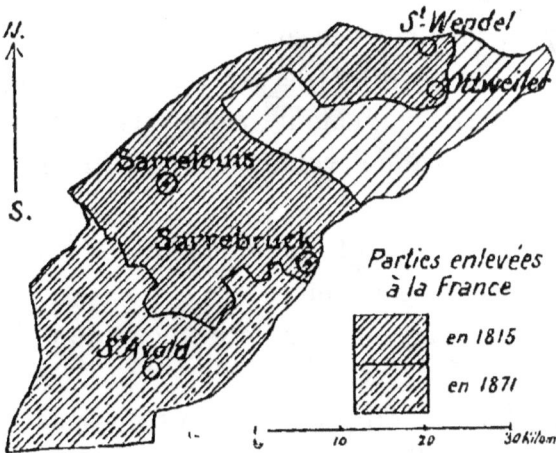

Bassin de la Sarre.

assurer l'exploitation au mieux des intérêts de la nation, lorsque la fortune contraire des armes nous fit accepter le traité déplorable de 1815.

Les ingénieurs de l'École des Mines de Geislautern — et parmi eux il faut réserver une mention spéciale à Duhamel et Calmelet — avaient consigné les résultats des travaux qui leur avaient coûté plus de dix ans d'efforts, dans des atlas, des plans topographiques, des cartes et des notes d'une mportance décisive pour l'exploitation du bassin.

La Prusse, qui déjà à cette époque était au fait des moindres détails de nos richesses naturelles et industrielles et qui témoignait de ses appétits économiques par le tracé de la frontière qu'elle nous imposait, exigea la remise des documents.

En vain leurs auteurs cherchèrent-ils à les lui soustraire. Après plus de deux ans, le 30 juillet 1817, il fallut céder et mettre les Prussiens en possession du résultat de ces travaux savants et pratiques qu'ils jugeaient, avec raison, indispensables à la mise en valeur des houillères de la Sarre.

Ces mines doivent logiquement et nécessairement nous faire retour.

Elles constitueront pour la France une précieuse richesse.

Le charbon qu'elles contiennent n'a pas, dit-on habituellement, l'ensemble des qualités que recherchent les sidérurgistes et ne fournit pas un coke d'une qualité aussi bonne que celui de la Ruhr. Mais, sans être excellent, il est utilisable. Comme l'écrivait quelques semaines avant la guerre, dans une importante étude sur le bassin de Briey publiée par la *Technique moderne*, M. Gabriel Sepulchre, ingénieur civil des mines, qui a collaboré avec son père, l'un des inventeurs de ce bassin : « On obtient un produit très suffisant avec les houilles grasses de la Sarre que l'on sait traiter maintenant et au besoin en le mélangeant avec d'autres fines à coke. — En tous cas on y trouvera toute la gamme des charbons domestiques et industriels flambants connus comme houille de Sarrebrück. »

Cette constatation serait en soi très satisfaisante. Elle a le grand mérite d'avoir été faite à une époque où la réintégration de la Lorraine à la France semblait si lointaine, et où par suite les accords fer de Briey contre charbon de la Ruhr paraissaient présenter un caractère de permanence telle qu'il n'y avait aucun motif de chercher à dissimuler ou à amoindrir les qualités des houilles de la Sarre.

D'ailleurs, il semble avéré aujourd'hui que le coke qu'on en peut tirer se compare avantageusement à celui de la Ruhr, et que l'infériorité de qualité si souvent citée, voire même proclamée officieusement et officiellement, résultait de la volonté du fisc prussien, propriétaire de la très grande majorité des gisements, d'enrayer le développement métallurgique en Lorraine annexée.

Les trois griefs que l'on formule habituellement contre le coke de la Sarre sont de contenir une trop forte proportion de gaz et de cendres ainsi que d'humidité, ce qui réduit sa résistance à la charge de minerai dans le haut fourneau.

De ces trois griefs, le premier devient une qualité avec l'utilisation croissante pour les fins industrielles des gaz de houille, soit comme énergie motrice, soit pour les produits de distillation.

Quant aux deux autres, il apparaît qu'ils sont en majeure partie le fait de malfaçons volontaires. Il a été reconnu par la Chambre de commerce de Sarrebruck que la teneur en humidité s'établissait à 6 °/₀ contre 5 °/₀ pour le coke de la Ruhr, lorsque le refroissement est soigneusement fait ; d'autre part, à ce qu'affirment des métallurgistes qui ont employé longtemps le coke de la Sarre, son pourcentage en cendres est de 9, contre 5 pour celui de la Ruhr et est dans les limites admises pour un bon coke métallurgique.

En 1907, d'ailleurs, d'après la *Gazette de Cologne*, il arriva au Syndicat Rhénan-Westphalien de livrer des cokes tenant de 22 à 29 °/₀ de cendres.

Par une coïncidence des plus curieuses, et qui confirme bien l'hypothèse de la malfaçon volontaire, le coke obtenu dans le bassin de la Sarre par les usines qui le fabriquent elles-mêmes renferme, aux dires de la Chambre de commerce de Sarrebrück, bien moins de cendres et d'eau que celui des mines fiscales.

Leur extraction, que le gouvernement prussien limitait non pour des causes techniques, mais pour favoriser le syndicat rhénan westphalien, représentait en 1913 près des trois quarts de notre déficit du temps de paix, 17 millions 1/2 sur 21, et cependant elles donnaient au fisc prussien, en 1912, 17 millions de marks, grâce aux hausses de prix que, pour reprendre l'expression de M. Henri

Hauser, lui permettait le « *malthusianisme econo-mique* ». On estime la contenance en houille de ces mines au-dessus du niveau de 1500 mètres à quelque 12 milliards 1/2 de tonnes, soit les trois quarts environ de nos réserves actuelles.

D'autres évaluations ont été faites : celle de l'ingénieur des mines de Déchen, qui fixe la capacité du gisement à 45 milliards de tonnes, et celle de M. Gouvy[1], qui, en comprenant les veines de 30 centimètres, estime les réserves totales du bassin à 53 milliards 1/2 de tonnes, alors que les réserves de la France étaient comptées, au Congrès géologique tenu en 1913 au Canada, à 17 milliards de tonnes.

Au bassin de la Sarre il faut ajouter celui de Sarre-et-Moselle qui en est le prolongement vers la France, dont les seules mines de la Houve produisent déjà 2 millions de tonnes et dont, dit M. Grüner, dans l'*Atlas général des Houillères*, « la grande richesse..... permet d'assurer que le développement va s'accentuer très rapidement au détriment des houilles de Sarrebrück ».

Il faudra certes exécuter de grands travaux et créer des voies d'accès à la mer, notamment par la canalisation de la Moselle, prévue et amorcée dès le second Empire, mais que fit échouer jusqu'ici, pour des raisons trop évidentes, l'opposition

---

1. *Journal des Economistes*, 15 octobre 1915.

du Gouvernement impérial d'Allemagne, par hostilité à la mise en valeur du bassin lorrain et à la concentration métallurgique sur la frontière.

Les houillères de la Sarre pourraient d'ailleurs être aménagées pour une production au moins double. Tandis que notre bassin de Valenciennes, d'une étendue de 105 000 hectares, donne 28 millions de tonnes, les 220 000 hectares de la Sarre ne fournissent, pour des raisons dans lesquelles les considérations économiques propres au gisement ne jouent aucun rôle, que 17 millions.

De ce fait, notre déficit en houille se trouverait ramené de 60 à 30 millions de tonnes. Il pourrait encore être appréciablement réduit, et sans doute annulé, par les gisements fort importants de la rive gauche du Rhin.

Il existe, en effet, à cet endroit, dans le sillon houiller qui traverse l'Europe de la Grande-Bretagne au Donetz et qui, après avoir franchi la Manche et s'être resserré dans le nord de la France, va s'élargissant jusqu'à la Westphalie, des réserves évaluées à quelque dix milliards de tonnes. Elles se trouvent comprises à l'ouest du Rhin, entre les bassins Belge et Hollandais du Limbourg, de la Campine, du Brabant, et celui de Westphalie, et ne sont pas ignorées de nos métallurgistes qui ont pris d'importants intérêts dans les régions d'Aix-la-Chapelle et de Maëstricht. Leur développement fournirait évidemment un tonnage considérable de même ordre que celui que l'on peut attendre de la Sarre. L'on ne saurait trop répéter d'ailleurs d'une part que pendant le second trimestre de cette année la production des charbonnages affiliés au syndicat rhénan-westphalien a atteint environ 315000 tonnes par journée de travail, correspondant pour l'année à plus de 110 millions de tonnes. Et d'autre part, que si de ces charbonnages la très grande majorité est sur la rive droite du Rhin, ceux de la rive gauche sont déjà considérables. Ils alimentent, en effet, l'énorme agglomération sidérurgique de Duisbourg, Ruhrort, Crefeld, etc.

Des raisons ont été invoquées pour écarter la possibilité d'annexer politiquement la rive gauche du Rhin. A supposer qu'elles prévaillent, il ne saurait en résulter de motif pour que cette région fasse retour à l'Allemagne, et nous nous devrons à nous-mêmes comme au monde de prendre les mesures de sécurité indispensables pour prévenir le retour de luttes comme celles qui ensanglantent l'Europe.

Il nous faudra des garanties militaires que le général Malleterre a résumées dans cette formule que sa concision même rend si éloquente : « Plus un soldat allemand sur la rive gauche du Rhin. »

Il nous faudra aussi des garanties économiques : les unes, qui ramèneront les courants des échanges de cette région, dont ethniquement les populations ont tant de caractères communs avec celles de la Lorraine, vers la France et ses Alliés, en englobant le Pays Rhénan dans notre système douanier et en établissant notre barrière sur le Rhin ; les autres qui feront bénéficier économiquement les Alliés de ces réserves de houille, dont d'aucuns ont si grand besoin.

*
* *

Lorsque ces gisements seront en pleine production, l'accroissement de l'extraction française correspondra précisément au déficit total calculé précédemment.

En réalité, la situation se présentera sous un jour plus favorable. Nous venons de voir, en effet, que les bassins de la Sarre et de l'ouest du Rhin suffiraient à combler notre insuffisance en houille. Or avant la guerre nous importions quelque 21 millions de tonnes de houille dont 6 seulement d'Allemagne, 5 de Belgique et 11 d'Angleterre. Nous pouvons, certes, compter, non seulement sur le maintien des importations de ces deux dernières sources, mais sur leur accroissement. L'on estime que le bassin belge de la Campine, dans lequel plusieurs de nos grands métallurgistes ont acquis des intérêts, nous fournira, en pleine exploitation, environ 5 millions de tonnes de plus. Quant au Royaume-Uni, il pourra certainement contribuer

pour quelques millions de tonnes supplémentaires
à l'alimentation en houille de notre pays.

Ce n'est pas seulement à notre avantage que
doivent se produire les accroissements des importations en provenance de Belgique et du Royaume-
Uni. Leur intérêt s'identifie avec le nôtre lorsqu'il
s'agit d'arracher à l'Allemagne la suprématie de la
sidérurgie en Europe et d'assurer, pour des fins de
paix et de progrès dans la civilisation, le développement mutuel des puissances de l'Entente. Mais,
en même temps, ces apports de charbon peuvent
être l'origine d'échanges, favorables à nos Alliés
comme à nous-mêmes, de fer contre charbon.

En ce qui concerne la Belgique, il n'est guère
de difficultés à envisager pour que ce programme
puisse se réaliser.

Pour l'Angleterre, des objections diverses d'ordre économique ont été formulées. On admet qu'un
courant naturel doive tout naturellement s'établir
avec nos régions ferrifères de l'Ouest et que notre
bassin de Normandie recevra de nos Alliés britanniques le charbon qui lui fait défaut contre le minerai dont ils manquent. Mais pour le Nord-Est on
objecte la distance et les frais qu'elle implique
comme constituant un obstacle dirimant.

L'on ne saurait à la vérité se ranger à cette manière de voir. Eût-elle même été irréfutable avant
la guerre — et nous avons rappelé que certains de
nos grands établissements sidérurgiques du Nord-

Est s'approvisionnaient pour partie de houille et coke en Grande-Bretagne — que la transformation des conditions économiques dans le monde amènerait à reviser les conceptions antérieures.

Dès à présent la question est à l'étude, et des tractations ont été reprises de part et d'autre de la Manche.

La solution de l'une des difficultés consiste, afin de diminuer les charges résultant du bris du charbon au cours des transbordements à prévoir, et plus particulièrement onéreux lorsqu'il s'agit de coke, à établir en des points convenables de notre territoire des usines de cokéification d'où le combustible serait alors amené sans transbordement aux lieux de consommation.

Divers projets sont discutés, dont l'un aurait Dunkerque pour centre. Le transport serait assuré par wagons de grande capacité grâce à de très bas tarifs de transport que consentiraient les chemins de fer, en attendant que soit réalisé le canal du Nord-Est, à l'établissement duquel le Gouvernement pourrait songer peut-être à quelque prochain jour.

Un autre envisagerait le transport par chalands remorqués jusque dans la région parisienne où s'opéreraient les transformations nécessaires, et d'où se feraient les répartitions.

Et l'on ne saurait négliger non plus les facilités de transport qu'offre le Rhin.

Du point de vue des Anglais, les échanges fer-charbon présentent également un intérêt considé-rable. Des importations de minerai qu'ils faisaient avant la guerre, la majeure partie venait de Suède. Et ce ne sera sans doute pas apprendre grand'chose à quiconque, surtout à nos adversaires, que de dire que la mainmise que les Allemands se sont ef-forcés d'acquérir avec succès depuis deux ans sur les gîtes scandinaves n'est pas sans causer cer-taines préoccupations à nos Alliés, que dissiperait aisément un accord avec nous leur assurant les amples approvisionnements qui leur sont néces-saires.

Enfin, pour terminer l'examen des ressources en charbon disponibles ou accessibles en dehors des bassins allemands et auxquelles peuvent re-courir nos métallurgistes et nos industriels, il faut signaler les bassins hollandais, auxquels s'étaient intéressés Allemands et Belges.

L'une des conséquences de la guerre a été de hâter dans les Pays-Bas la mise en valeur de leurs bassins du Limbourg et du Brabant, dont l'exis-tence était connue, mais dont l'exploitation com-mençait à peine. Aux charbons domestiques, dont l'extraction seule s'effectuait sur une petite échelle au début de la guerre, il y a lieu d'ajouter main-tenant des charbons industriels et à soute.

Les exigences britanniques ont eu pour résultat d'intensifier l'industrie extractive en Hollande, que

5

retarde surtout actuellement le manque de main-
d'œuvre qualifiée. La condition que nos Alliés ont
mise à la fourniture de charbon à soute, soit de
réserver à leurs besoins le tiers des cales des navires, a eu pour résultat d'inciter les Hollandais à
s'affranchir de cette charge onéreuse. Les résultats
obtenus ont été des plus encourageants et confir-
ment les présomptions que donnait la situation géographique du Limbourg et du Brabant.

Il est certes encore trop tôt pour escompter l'importance de la production houillère des Pays-Bas
et l'appoint qu'ils pourraient fournir. Mais l'indication vaut d'être retenue.

De telle sorte que l'on est fondé à escompter,
indépendamment de la Sarre et de la rive gauche du
Rhin, un supplément de ressources de 25 à 30 millions de tonnes, ce qui permettrait de faire face à la
progression vraisemblable de nos activités industrielles, autres que la métallurgie et ses annexes.
Il n'est pas sans intérêt de rappeler à ce propos
que, abstraction faite du traitement du fer, la consommation industrielle de charbon était en 1913,
pour la France, de 28 millions de tonnes, dont 9
pour les chemins de fer et 19 pour les autres
besoins.

Nous ne tenons aucun compte dans ces prévisions des champs de houille nouveaux de France,
en Meurthe-et-Moselle, dans la région lyonnaise,
dans d'autres encore où les travaux de recherche

ont prouvé le charbon et permettent les plus beaux et les plus légitimes espoirs.

*
* *

Notre alimentation en charbon en période normale sera même mieux assurée qu'il n'apparaît.

Tout d'abord l'on est amené à faire une première observation relative à l'utilisation du combustible. Des économies appréciables sont réalisables dans certaines directions.

La France n'a pas toujours suffisamment tiré avantage des progrès techniques en transformant son outillage ou ses méthodes en vue d'obvier à la pénurie de charbon. C'est ainsi, par exemple, qu'elle consomme pour la fabrication du gaz d'éclairage environ 5 millions de tonnes de houille, qui sont distillées pour gaz et, en dehors des sous-produits chimiques, ne donnent que du coke domestique d'une faible valeur et d'un placement souvent difficile. — Il y a, en fait, double emploi, car la conséquence de ce système est d'obliger également, et sans contre-partie, à brûler pour coke métallique une quantité égale de houille.

Or, il est facile d'économiser sinon la totalité, du moins une très grande partie de ce charbon.

On peut, en effet, renverser le processus et distiller la houille pour coke métallurgique, le gaz devenant sous-produit.

C'est la méthode que suivent les Allemands. En

dépit de leur richesse en charbon, dont ils eussent pu se montrer prodigues, leurs usines à gaz sont de plus en plus devenues des cokeries, comme leurs cokeries sont devenues des usines à gaz.

En France, quelques tentatives ont été faites, mais peu nombreuses.

C'est dans les grandes villes que cette adaptation eût été le plus profitable. Elle est entravée par la survivance des conditions archaïques que presque tous les cahiers des charges imposent aux concessionnaires, pour le pouvoir éclairant du gaz d'éclairage.

Logiques à l'origine, ces conditions n'ont plus de raison d'être depuis l'emploi des « manchons » de terres rares dans l'éclairage domestique et des villes, grâce auquel le pouvoir éclairant du gaz n'est plus fonction de la proportion de matières volatiles (benzol) qu'il contient, mais seulement de son pouvoir calorifique. Et à cet égard les gaz débenzolés des fours à coke industriels sont une solution parfaite du problème.

Sans doute, par suite de conditions locales, ou de distances, on ne peut envisager l'utilisation totale pour coke métallurgique, des 5 millions de tonnes de houille aujourd'hui brûlées pour gaz d'éclairage ; mais il est hors de doute que l'on récupérerait par ce procédé de 2 à 3 millions de tonnes.

b) La Houille blanche.

La seconde observation a une portée beaucoup plus considérable.

La France est l'un des pays du monde les plus richement dotés en chutes d'eau de montagnes et aussi en puissance hydraulique des rivières. Elles se prêtent à des utilisations industrielles considérables, grâce à leur emploi à la production d'énergie électrique. Mais jusqu'ici elles ont été extrêmement négligées.

L'on a évalué les ressources hydrauliques de la France à 5 millions de chevaux en basses eaux, c'est-à-dire disponibles pendant 365 jours par an, et à 9 à 10 millions de chevaux en eaux moyennes, c'est-à-dire disponibles pendant la moitié de l'année. Elles correspondraient à une puissance supérieure dans l'ensemble à celle que consomment tous nos établissements industriels, agricoles, nos chemins de fer, notre batellerie et la navigation fluviale.

On en a donné comme évaluation 60 milliards de kilowatts-heures, mais ce chiffre n'est pas certain et ne figure ici que comme une indication de l'ordre de grandeur de notre puissance hydraulique.

Ses principaux centres de répartition sont les Alpes pour 50 °/₀, les Pyrénées, le Massif Central, le Jura et les Vosges.

* * *

Quelques installations — certaines importantes déjà — existent en divers points de notre territoire; dans le Sud-Ouest (Dordogne), le Centre (régions du Cher et de Montluçon, Commentry, Moulins), dans les Pyrénées — celles-ci desservant tout le pays jusqu'à Bordeaux — et surtout dans les Alpes où, cependant, jusqu'à ce jour — en dépit de ce qu'elles sont les plus considérables existant en France — on n'utilisait au 1ᵉʳ septembre 1915 que 717 000 chevaux sur plus de 2 millions 1/2 en basses eaux.

L'on peut faire bien davantage encore dans cet ordre d'idées, et rien que depuis la mobilisation plus de 60 000 chevaux nouveaux ont été affectés, dans les Pyrénées, le Massif Central et les Alpes, aux besoins de la défense nationale.

Divers aménagements sont en cours dans le massif des Alpes. Une seule installation — celle du Haut Rhône — aurait une puissance de 325 000 chevaux, équivalente à une consommation annuelle de 1 800 000 tonnes de houille (plus de la moitié de la production d'Anzin). Cette énergie serait transportée à Paris et, d'après les prévisions, y pourrait être vendue à 3 centimes le kilowatt-heure, soit 50 % moins cher que ne coûte la même unité produite par les procédés thermiques.

L'ensemble des aménagements à effectuer dans

un avenir prochain, rien que dans les Alpes, représentera 1 million 1/2 de chevaux équivalents à une consommation annuelle de charbon de près de 9 millions de tonnes, soit presque la moitié de notre déficit d'avant-guerre.

Pour réaliser cette puissance, l'on évalue les frais d'établissement à 1 milliard, en admettant que le cheval revienne à 1000 francs, prix maximum atteint en région de montagne, pour une recette de 200 millions de francs. C'est d'ailleurs, à peu de chose près, au même total que peut se chiffrer l'économie de combustible, calculé à 20 francs la tonne.

Mais ce sont là des prix d'avant-guerre, et tout permet de considérer que de nombreuses années s'écouleront avant qu'ils ne soient pratiqués à nouveau. Admettons même, vu la hausse générale des prix, que les frais d'installation s'élèvent au double des devis primitifs, l'économie réalisée sur le charbon, supposé seulement à 40 . francs la tonne, suffirait à amortir intégralement ces frais en cinq ans, car, suivant un mot pittoresque, « les installations de montagnes abandonnées à elles-mêmes gagnent sans intervention de main-d'œuvre l'intérêt et l'amortissement de leur capital. »

Au point de vue national, l'utilisation de ces forces hydrauliques est d'autant plus indispensable qu'en permettant de réduire dans des proportions considérables nos achats de charbon à l'étranger, donc nos payements d'or, elle contribuera à la solution du problème si redoutable des changes.

Une simple constatation fera juger de la portée de cette remarque. Avant la guerre, nos importations de charbon se chiffraient annuellement par 420 millions de francs, c'est-à-dire l'annuité qu'exigerait un emprunt en 5 °/₀ de 8 milliards 1/2 de francs.

Un mot maintenant des emplois de l'énergie électrique en l'industrie.

Son domaine d'utilisation est des plus vastes.

L'électricité est de plus en plus employée, soit dans la production des ferro-alliages, pour lesquels la France est appelée à prendre une place grandissante, soit dans les autres électro-métallurgies, aluminium et zinc en particulier, et enfin dans l'électro-chimie dont ce serait une superfétation d'indiquer ici les développements.

Même dans la sidérurgie et la production de l'acier des progrès considérables ont été accomplis, surtout dans les pays comme l'Italie où le manque absolu de houille noire paraissait constituer un insurmontable obstacle aux développements des grandes industries qui doivent, comme la métallurgie, disposer d'une puissance thermique considérable. Grâce à la substitution de l'énergie électrique à celle due à la combustion du charbon, le problème peut être considéré comme résolu.

En dépit du manque de houille, la métallurgie

en Italie avait, jusqu'à la guerre, été basée presque exclusivement sur l'emploi du charbon, aussi bien comme chauffage que comme moyen de produire des réactions chimiques nécessaires.

Mais la transformation des conditions économiques, avec la crise des frets, aurait presque quintuplé pour l'Italie le coût du combustible, puisque sa consommation de houille, qui s'élevait en valeur à 350 millions de lires or en 1913, constituerait sur la base des prix pratiqués dans les premiers mois de 1916 une dépense de 1 milliard 1/2.

Les nécessités du moment ont obligé à chercher une solution toute différente et à traiter directement des minerais de magnétite à 55 %, dont des gisements existent en Sardaigne, en Piémont, en Lombardie, au moyen de l'énergie électrique[1]. Un seul gisement, celui de Cogne, dont l'importance est de 8 millions de tonnes, permettrait une production de 20 000 tonnes de fonte par an, et, comme par ailleurs il existe dans la région des forces hydrauliques de quelque 10 000 chevaux dynamiques, l'on pourrait arriver à disposer d'énergie électrique à raison de 1 à 1 centime 1/2 le kilowatt-heure.

La magnétite n'est pas la seule matière ferrifère

---

1. Entre 1880 et 1914 le nombre des chevaux dynamiques a passé de 135 000 à 1 022 000.

utilisable. On a traité avec succès non seulement
les cendres de pyrites, laissées comme résidu dans
la fabrication de l'acide sulfurique, mais les pyrites elles-mêmes dont l'Italie est grand producteur
et qu'elle exportait jusqu'ici presque en totalité.

L'ingénieur Conti, dans une étude fort importante, a donné à cet égard des indications très in-
téressantes [1].

Indépendamment de la production du fer, l'emploi du four électrique pour la fabrication de l'acier
a progressé de façon considérable depuis quelques
années et, en particulier, depuis la guerre. « The
Iron Age » a publié à cet égard des chiffres des
plus intéressants et des plus caractéristiques au
début de cette année, qui montrent que de 1913
à 1916 l'accroissement du nombre des fours élec-
triques a été de

	1913	1916	°/₀
États-Unis et Canada.	22	81	370
Angleterre.	16	46	290
France	13	21	161
Russie	4	11	300
Suède	6	23	380

Tout récemment encore, la presse allemande a
annoncé que des progrès importants ont été réa-
lisés en Luxembourg dans la production de l'acier

1. ETTORE CONTI. Per una politica nazionale delle forze idro-
ellettriche in Italia. — Rome, *Nuova Antologia*, 1916.

par voie électrique, et qu'une nouvelle usine « Eisen und Stahlwerk Steinfort A. G. » a été mise en route le 26 août 1916.

D'autre part, la progression elle-même fait augurer que l'électricité peut prendre une grande place dans les pays riches en forces hydrauliques, qui ont tendance à mieux utiliser leurs ressources hydro-électriques.

Enfin leur application à la production des engrais artificiels par l'utilisation de l'azote de l'air a conduit à la fabrication des nitrates de calcium, calciosianamide, et de l'ammoniaque synthétique.

Et l'on ne saurait passer sous silence l'importance croissante des emplois de l'électricité pour les industries en général et pour la traction sur les voies ferrées.

On sait enfin que c'est l'électricité qui a rénové la région de Saint-Étienne, celles de Montluçon, du Centre, etc., et l'extension de son emploi ne saurait souffrir de difficultés.

Or, rappelons que la consommation de charbon pour les usages industriels atteignait 19 millions de tonnes, et que celle pour les chemins de fer se chiffrait par 9 millions de tonnes. Depuis longtemps on poursuit l'étude de leur électrification. Elle n'avait pu encore aboutir pour quelques raisons techniques, pratiquement disparues, et pour des motifs d'ordre économique. L'heure est venue de la réaliser et pour longtemps les termes du problème des prix de revient relatifs de la traction à vapeur et de la traction électrique sont radicalement modifiés en faveur de celle-ci.

D'ailleurs les aménagements prévus des Alpes n'équivalent qu'à 9 des 28 millions de tonnes que consommaient chemins de fer et industries, exclusion faite de la sidérurgie, de telle sorte que bien des modalités peuvent être prévues pour réaliser, par rapport à nos besoins de 1913, une réduction de nos importations de houille.

*　*　*

Si l'on veut envisager pour *la période normale* quelle serait la situation de notre pays au point de vue du charbon, étant réalisé l'ensemble des conditions dont il vient d'être parlé, on arrive au bilan suivant.

Pour une consommation annuelle de 100 millions de tonnes nous disposerions des ressources suivantes :

Ressources anciennes.	
Extraction des houillères actuelles.	41 000 000
Ressources nouvelles.	
Bassin de la Sarre.	30 000 000
— de l'ouest du Rhin.	30 000 000
Importations anglo-belges.	21 000 000
A reporter. . . .	122 000 000

Report. . . .	122 000 000
Économies réalisées par une meilleure utilisation du combustible (fabrication du gaz).	3 000 000
Puissance hydraulique minima [1] . .	9 000 000
	134 000 000

1. L'utilisation des 9 millions de chevaux correspondrait, avec ses 60 milliards de kilowatts-heures, à 80 millions de tonnes de charbon, et, pour se limiter aux seuls chevaux permanents, leur puissance serait équivalente à celle développée par la combustion de 27 millions de tonnes.

VI

La période transitoire.

Nous n'avons envisagé jusqu'ici que la période normale, alors qu'auront été réparés les désastres de la guerre et que, la France et la Belgique restaurées, le développement économique se poursuivra.

Un mot n'est point inutile sur le temps qui s'écoulera entre la cessation des hostilités et cette période normale. On a coutume de le dénommer « période transitoire ».

Au point de vue du ravitaillement en charbon, cette période transitoire présentera certains caractères particuliers.

La consommation des industries de l'avant-guerre sera réduite, tout au moins de la part des usines détruites des régions envahies, et augmentée de l'accroissement de consommation des usines de guerre utilisables pour des fabrications de paix, pour autant que le charbon est la source de leur force motrice.

Par contre, il faudra pourvoir aux besoins des régions lorraines, et nous avons vu qu'ils représentent globalement plus de 5o millions de tonnes.

Pour faire face à ces exigences, nous ne disposerons, au maximum, que de la moitié de notre production d'avant-guerre, soit 20 millions de tonnes. Si nous pouvons espérer que le Royaume-Uni force ses exportations sur nous et au besoin compense la diminution de notre propre production, nous ne pourrons plus compter sur les importations de charbon belge pour les raisons mêmes qui causeront la réduction de notre production.

Nous n'aurions donc en fin de compte d'assuré que la moitié de notre production ancienne, à laquelle s'ajouteraient les 17 millions d'extraction de la Sarre. Le déficit n'atteindrait sans doute pas 33 millions de tonnes, différence entre la consommation prévue pour la métallurgie et la production de la Sarre, car il faut compter sur la durée de l'adaptation nécessaire à l'utilisation de nos minerais.

Néanmoins, nous manquerons d'un certain nombre de millions de tonnes de houille que seule l'Allemagne sera en mesure de nous fournir.

On devra demander qu'elle soit astreinte à le faire pendant toute cette période transitoire, mais non à titre commercial. C'est comme imputation sur l'indemnité de guerre que devront être décomptées les prestations en charbon que nos ennemis devront nous faire.

Il n'est pas besoin de le justifier. Cela ressort avec évidence à la fois de l'impérieuse obligation de la restauration de la France et du fait que l'Al-

lemagne, privée de ses ressources de fer, disposera
d'une surabondance de charbon qui ne saurait être
mieux utilisée qu'à la réparation des préjudices
qu'elle a causés.

A ces raisons d'équité s'en ajoutent deux autres.
D'abord que l'Allemagne, dès à présent en état de
banqueroute virtuelle, ne pourra s'acquitter en
argent des réparations que les Alliés entendent
lui imposer et qu'elle pourra, par contre, le faire
en nature. En second lieu, il sera de leur devoir
de rétablir l'équilibre économique que la façon
dont elle a conduit la guerre a eu pour but de
détruire entre les puissances de l'Entente et les
Empires du Centre. Et pour cela le moyen le plus
efficace n'est-il pas de leur imposer le retard sys-
tématique à la reprise de la production qu'ils nous
ont causé par leurs destructions dans les pays envahis? Cela, nous le pourrons précisément par la
masse des reprises en nature de tous ordres que
nous exercerons sur le territoire des Allemands,
à titre d'imputation sur les réparations dues et l'indemnité exigée.

VII

Conclusion.

Il reste, avant de conclure, un dernier point à examiner.

Au cours de cette étude il a été parlé à plusieurs reprises des régions qui feront retour à la France, soit bassins ferrifères, soit bassins houillers, et la question a pu se poser au lecteur de la manière dont nous entrerions effectivement en pleine possession de ces divers gisements.

Pour ceux qui sont propriété domaniale de l'État prussien, c'est le cas du bassin de la Sarre, aucune difficulté n'est à envisager. Ils seront cédés en pleine propriété à l'État français du fait de la transmission de souveraineté qu'effectuera le traité de paix.

Mais les termes du problème semblent différents pour les mines qui sont propriété privée, puisque la souveraineté territoriale n'entraîne pas l'expropriation des biens privés. La question n'est pas sans importance. Sa solution est néanmoins simple. Il suffira, en effet, de poser en principe, lors de la conclusion de la paix, que toutes les propriétés minières des Allemands feront retour à l'État français et seront considérées comme imputation sur l'indemnité de guerre. L'Allemagne sera tenue d'indemniser ses nationaux. Le traité pourra même stipuler que la valeur de ces biens, déterminée de façon équitable, constituera pour l'Allemagne une dette nationale, privilégiée par rapport aux dettes anciennes, et dont le rang pourrait être intermédiaire entre le montant des réparations dues aux Alliés, quelle qu'en soit d'ailleurs la forme, et les dettes anciennes ou contractées pour la guerre.

Ce n'est pas d'ailleurs une innovation que nous suggérons. La formule est familière aux diplomates, et l'application complète en a été faite par la Convention annexe, entre le Royaume-Uni et la France, au traité de 1815.

L'idée paraîtra au surplus évidemment excellente à nos ennemis, puisque le mémoire que remettaient, le 20 mai 1915, au Chancelier de l'Empire, la Ligue des agriculteurs, la Ligue des paysans allemands, l'Association des paysans westphaliens, l'Union centrale des industriels allemands et l'Union des classes moyennes de l'Empire, s'exprimait ainsi : « *Tous les moyens de puissance économique existant sur ces territoires* (terres françaises du nord et de l'est dont l'annexion était réclamée), *y compris la propriété moyenne et la grande propriété, passeront en des mains allemandes ; la France indemnisera les propriétaires et les recueillera.* »

*
* *

L'ensemble des transformations que nous venons d'examiner préjugent un essor prodigieux pour l'industrie et partant pour le commerce de la France. Elles lui assureront dans le monde la place que lui assignent la part qu'elle a prise dans la lutte et les sacrifices matériels consentis pour briser la puissance de l'Allemagne et détruire ses visées d'hégémonie économique. Elles seront la conséquence de la victoire, et cette victoire, en dépit qu'on en ait, sera la libération du bassin de Briey et la reprise du bassin de Thionville et, par elles, des terres si françaises que sont l'Alsace-Lorraine et ses prolongements.

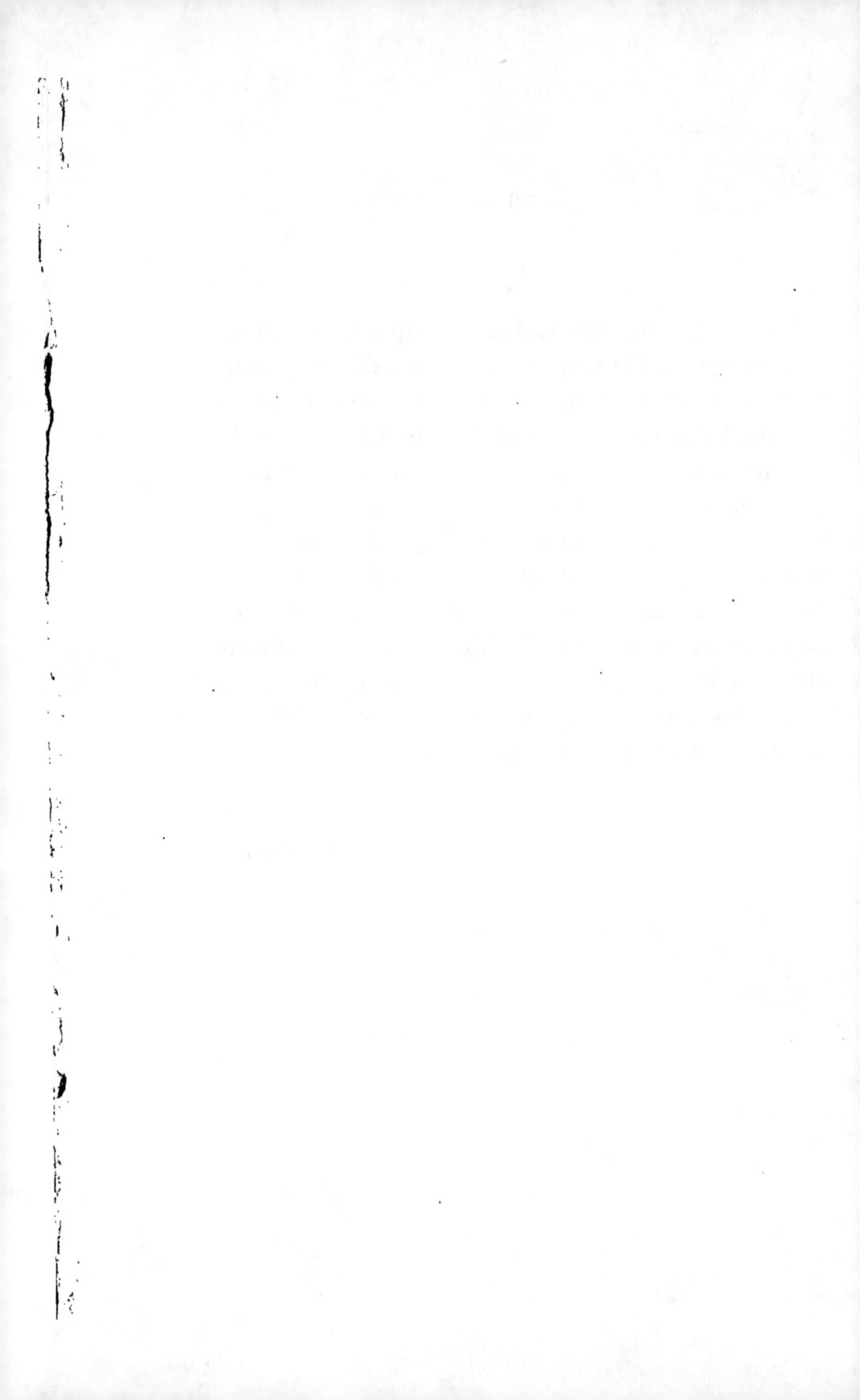

LA HAYE
Rotterdam
Utrecht

WESTPHALIE

PAYS - BAS

Dortmund
Duisbourg
Essen
Crefeld
Elberfeld Barmen
Dusseldorf

Anvers
Bruges
Ostende
Furnes
Dixmude
Thielt
Ypres
Courtrai
Tourcoing
Roubaix
Tournai
Lille
La Bassée
Vimy
Douai
Arras
Bapaume
Combles
Péronne
Roye
St Quentin
Vervins
Laon
Craonne
Soissons
Reims
Meaux
Montmirail
Epernay
Esternay
Sézanne
Châlons-s-Marne
Fère-Champenoise
Vitry-le-François
Bar-le-Duc
Revigny
St Mihiel
Verdun
Etain
Briey
Thionville
Uckange
Maizières
Metz
Sarreguemines
Pont-à-Mousson
Dieuze
Sarrebourg
Nancy
Lunéville
Baccarat
St Dié
Epinal
Toul

Gand
Malines
Louvain
BRUXELLES
BELGIQUE
Maestricht
Liège
Aix-la-Chapelle
Verviers
Namur
Mons
Charleroi
Maubeuge
Dinant
Philippeville
Mariembourg
Chimay
Rocroi
Charleville
Mézières
Sedan
Bouillon
Virton
Arlon
LUXEMBOURG
Luxembourg
Longwy
Villerupt
Vouziers
Rethel

PRUSSE
Cologne
Bonn
Siegburg
Siegen
RHÉNANE
WESTERWALD
NASSAU
Giessen
Coblentz
Wiesbaden
Francfort
Mayence
Darmstadt
EIFEL
HUNSRÜCK
Trèves
Oppau
Mannheim
Ludwigshafen
PALATINAT
Spire
St Wendel
Kaiserslautern
Sarrebrück
Landau
Wissembourg
Werth
Haguenau
CARLSRUHE
Saverne
Strasbourg
LORRAINE
ALSACE
BADE

ARDENNES

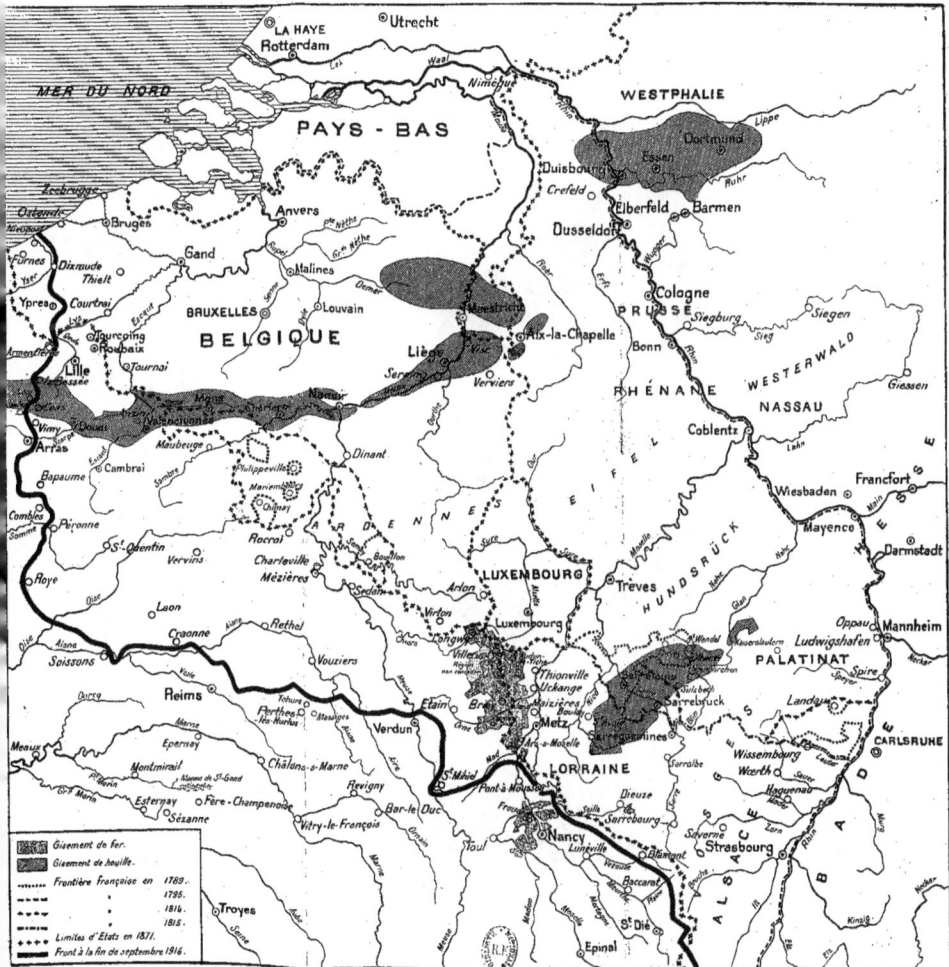

Les gisements de fer et de charbon dans le Nord-Ouest de l'Europe.

Légende:
Gisement de fer.
Gisement de houille.
Frontière française en 1789.
1795.
1814.
1815.
Limites d'États en 1871.
Front à la fin de septembre 1916.

TABLE DES MATIÈRES

SAINT-CLOUD. — IMPRIMERIE BELIN FRÈRES.